食品加工シリーズ

5

納豆

原料大豆の選び方から販売戦略まで

渡辺杉夫

著

農文協

地元の大豆で納豆づくり

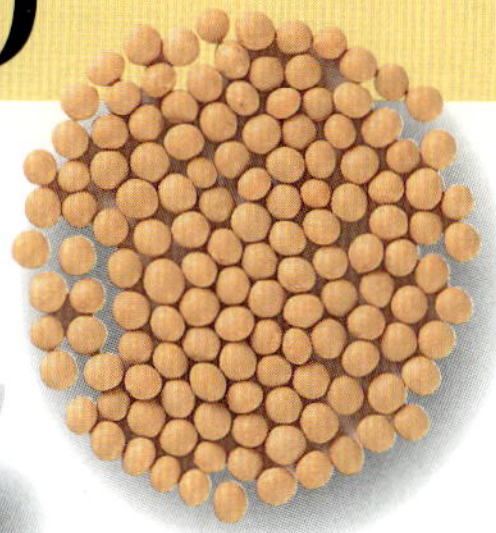

よい納豆の外観
豆の色は
うす茶色で
鮮やかに
冴えている
割れ，つぶれ，
皮むけなどが
ない
ムラなく，一定の厚さ
の菌苔（増殖した納豆
菌と粘質物の層）で覆
われている

品質のよい納豆づくりは，発酵の前半で大豆の表面に納豆菌を十分に繁殖させ，後半，納豆菌の酵素を十分に浸透させ，納豆特有のおいしさと芳香を形成させることにある

納豆の表面を
電子顕微鏡でみると

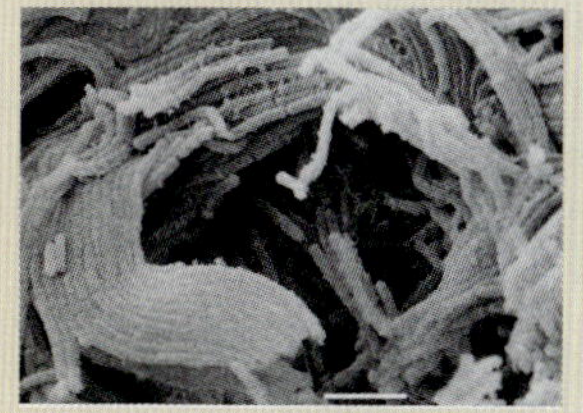

5μm

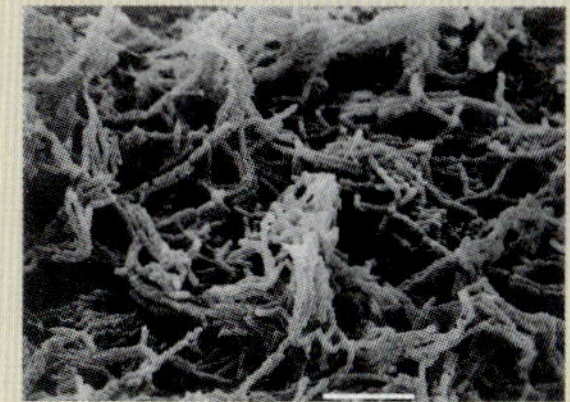

10μm

蒸煮大豆の表面に増殖した納豆菌（培養8時間目）
上：納豆菌がさかんに分裂して，細い糸束のような状態になっている。隔壁はまだ少ない
下：隔壁の形成が増え，細糸状から桿菌状に変化している

「蒸煮大豆」から「納豆」へ変化する過程

納豆菌接種後
（発酵前）
発酵12時間後
発酵・熟成
終了後

発酵中12時間経過したものは，まだうすく粘り気のない菌苔であるが，発酵・熟成終了後は白く半透明な粘質物を含んだ菌苔にしっかりと覆われている。菌苔がまだら状のものは，良質な納豆とはいえない

品質のよい納豆を安定して生産する

1 選別

選別機で異物を除き，大豆の粒形を揃える

2 豆洗い

豆洗機で洗浄し，土やほこり，有機物などを除去する

3 浸漬

低温で水に漬け，十分に吸水させる

4 蒸煮

加圧蒸煮缶で大豆を軟らかく蒸す

5 納豆菌接種

蒸煮大豆に納豆菌胞子を均一に付着させる

6 盛込み

充填機や手作業で，納豆菌を接種した蒸煮大豆を容器に盛り込む

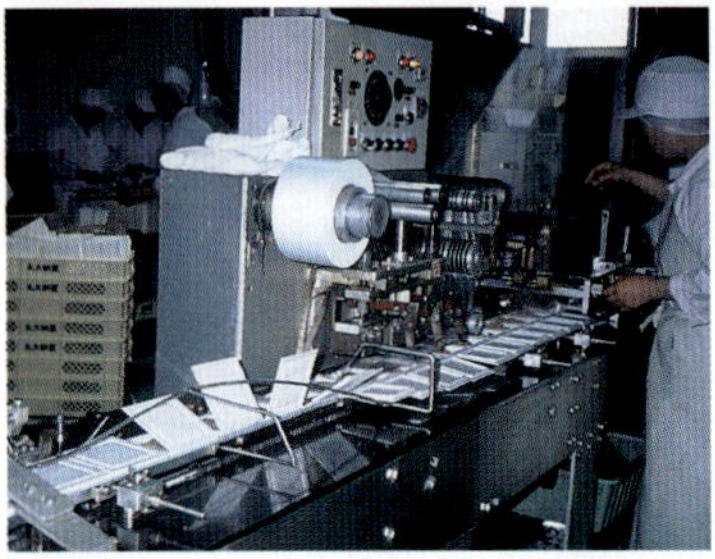

7 発酵

コンテナに詰め，発酵室へ。18～20時間後，冷却熟成する

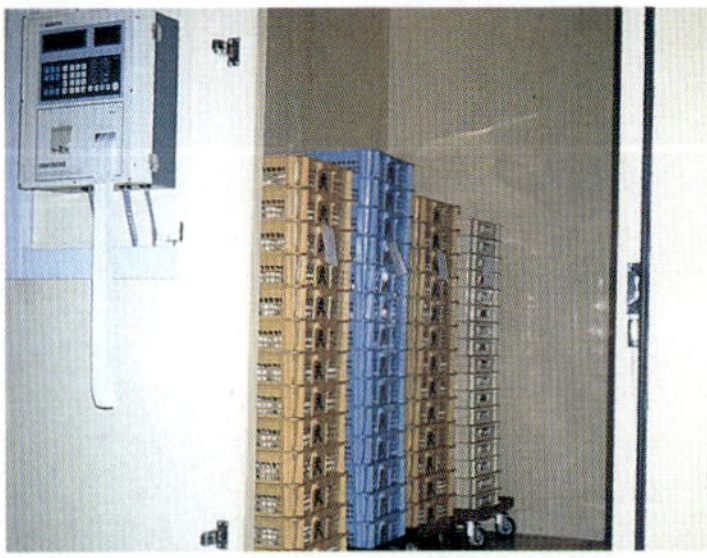

8 できあがり

一次冷蔵，包装，二次冷蔵を経て完成

上は50g入り個装や2～4段パック。左は330g入り徳用パック

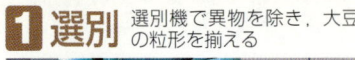

まえがき

納豆は日本古来の伝統食品であるが、近年、納豆のもつ栄養や食品機能性が解明され、一般消費者の認識も高まり、需要量も飛躍的な増大をみた。

納豆工業は、日本における科学の黎明期であった明治二十年代、納豆の細菌学的研究が開始され、大正年間には科学的、衛生的な製造法の基礎が固められた。第二次世界大戦後の昭和四十年代からは産業機械や冷凍機の発達にたすけられ、また、スーパーマーケットの展開により市場環境も整い、この百年間において近代的発酵食品工業として完成し、奇跡的な発展を遂げた。

一方、納豆用原料大豆は一九九六年の世界食糧サミット以降、国内における食糧生産の重要性が叫ばれ、農林水産省による「大豆系食品総合利用普及事業」として大豆の作付けと増産に対する用途開発が検討され、納豆の自給生産が推進されている。

最近の納豆ブームの続くなか、納豆製造に関しては、興味本位の家庭での納豆づくりが料理法の解説書とともに出版されてはいるが、市場に通用する商品の製造技術に関するものは皆無である。

本書は国産大豆の増産をはかるための納豆づくりの解説書として、またこれからの納豆工業に従事される方々が基礎技術を習得されるためのお役に立ちたいと考えて執筆した。

現在のように、食糧が大量に輸入できる状況下においては、農業の復興や自給自足体制の確立といってもあまり実感が湧かぬことと思うが、現在進行中の世界的人口増加を考えるとき、大戦時の飢餓の体験から、島国日本においてはぜひとも成功させなければならないプロジェクトであると考えている。

皆様のお役に立てれば望外の幸せである。

二〇〇一年　秋

渡辺　杉夫

目　次

第3章　品質のよい納豆を安定して生産する

第4章 納豆の生産計画から販売まで

撮影協力　あづま食品株式会社
　　　　　道の駅しもつま納豆工場
撮影（一部）　小倉隆人
イラスト　トミタ・イチロー

第1章

健康と農業を守る納豆パワー

1 地場産大豆でつくる納豆は、風味よくおいしい

　糸引納豆は、稲に寄生した納豆菌が稲わらで胞子となり、大豆煮豆との接触で発生した産物で、古来から日本の各地でさまざまな納豆づくりが行なわれてきた。納豆は米を中心とした日本型食生活において重要なタンパク源として定着してきた伝統発酵食品であり、日本の味なのである。

　糸引納豆はただ単に、蒸煮した大豆に納豆菌を繁殖・発酵させたものであり、大豆と水と納豆菌が原料である。

　このうち、おいしい納豆づくりの重要な役割を担うのが原料大豆である。このため、原料大豆の選定には、並々ならぬ〝こだわり〟が求められるが、この意図は「納豆適性大豆」を求めることにある。

　「納豆適性大豆」とは、おいしい納豆のできる成分や組織をもっている大豆のことである。まず納豆菌を十分に繁殖させることができ、納豆菌の発酵によっておいしい味や香りを生産し、しかも大豆本来の旨味や口当たり、歯ごたえなど好ましい性格をもった大豆といえる。

　納豆の総合的なおいしさ、旨さは原料大豆の品種や生産地によって微妙に変化するものであり、原料大豆への〝こだわり〟がそれぞれに特色のある納豆をつくりあげるのである。

　半世紀前までは、各地で栽培されていたいろいろな種類の地元の大豆で、特色のある納豆づくりが行なわれていた。永年にわたる納豆づくりの経験から大豆の品種選定や改良が繰り返されていたものと考えられ、いまだ日本国民から求められている国産大豆納豆の

(1) 原料大豆へのこだわりから、おいしい納豆ができる

　黄褐色の冴えた煮豆の表面が納豆菌の繁殖と発酵による菌苔に覆われ、この半透明の塊をかきまわすと豊富な粘質物が生まれ、この粘質物の糸は数メートルにも伸びる。この発酵食品は特有の芳香をもち、醤油をかけ、温かいごはんにかけて食べるとたまらなくおいしい。

　これが納豆であり、正確には〝名は体を表わす〟とおり「糸引納豆」といわれているものである。

味へのこだわりとなっている。納豆の味は日本の味で、その基底にあるものは国産大豆の、各地の大豆の味ともいえるのである。

(2) 極小粒から中粒、大粒まで、納豆もいろいろ

国産大豆とひとくちにいっても、種類はさまざまである。近年、粒形は小粒化の傾向にあり、茨城県産出の地塚大豆や納豆小粒、北海道のスズヒメ、スズマル、岩手のコスズ、最近では東

図1―1
極小粒，小粒，中粒，大粒の納豆。以前は小粒や極小粒が多かったが，最近は中粒，大粒納豆も増えてきた

北農試で育成された鈴の音など、小粒・極小粒品種の産出が相次いでいる。

納豆原料として小粒、極小粒がもてはやされている理由は、中粒、大粒に比べ重量に対する大豆表面積の総和が大きいため、納豆菌の繁殖・発酵に好適で、納豆のおいしさの主成分である粘質物の構成成分であるグルタミン酸ポリペプチドとフラクタンの生成が多いことがあげられる。小粒で米粒と調和のとれた食感からくる食べやすさからも人気がある。

一方、中粒、大粒納豆は、粒形が大きいため小粒と比較して粘質物の生成量が少なく、納豆菌酵素の浸透も遅れるため、中心部には煮豆の旨さ、おいしさが残っている。このため割にあっさりとした納豆で、歯ごたえがあり、かみしめると大豆本来の味も味わえるということで愛好者も多い。

大正末期から昭和の初頭には東京では鶴の子、振袖などの大粒の大豆に人気があったとの記事がある。最近では東日本においても、中粒、大粒のいわゆる大豆そのものの独特の味わいを称讃する愛好者が多くなり、とくにこだわり商品として要望されている。西日本では昔から中粒、大粒が好まれ、変わった品種では丹波の黒豆納豆などがつくられている。

大豆は各地の栽培適性があるため一律な品種をおすすめするわけにはいかない。

従来、その土地で栽培され、納豆化されてきた地元の大豆を大切に育成することが必要であり、各地の消費者の好みに合わせて極小粒、小粒、中粒、大粒の各品種を、納豆づくりのこだわりをもって選定すれば、その地域ならではのおいしい納豆ができあがるにちがいない。

(3) 納豆業者も国産大豆を求めている

現在、納豆用国産大豆は製造業者から要望されている。国産大豆でつくられた納豆は次のような評価を受けているということを、生産者に認識しておいていただきたい。

①国産大豆でつくった納豆のほうが納豆らしい香りや粘りなどが豊かである。

②国産大豆は食感がねっとりしてよい。

③国産大豆は味の良いものが多く、納豆づくりに向いている。

④糖質の高さが納豆づくりに必要、差別化商品づくりに使っている。

2 古来からの健康食品〝納豆〟のすごいパワー

(1) 納豆がいま、見直されるわけ

納豆の発生は古く弥生時代とも平安時代ともいわれ、日本古来の伝統食品として継承され今日に及んでいる。

この間、タンパク質、脂質の補給源として米食中心の日本型食生活に溶け込み、また醤油の味付けにより、食事の娯楽性を高めてきた。古くから伝承されている納豆の薬効は、納豆を愛好する人たちに語りつがれ、この状態は漢方における生薬の発生と類似性をみるような気がする。

明治二十年代は日本の科学の黎明期で、納豆も微生物学研究の対象となった。現在の東京大学で矢部規矩治《きくじ》氏による“On the Vegetable Cheese, Natto”が日本における納豆の科学的研究の第一号となり、日本の伝統食品〝納豆〟の存在が広く欧米にまで紹介された。

これ以降は科学の発達とともに微生物学的、栄養学的、生化学的、医学的研究が進み、その神秘性が少しずつ解明され始めた。

納豆は日本人にとってもっとも有効な栄養供給源として、また健康にすぐれた効果をもつ食品として、いつの時代も不思議な菌食効果を期待され愛好されてきたが、最近、もっともセンセーショナルな研究発表がなされた。

それは血栓溶解酵素、ナットウキナーゼの発見である。納豆の発酵中に生成されるタンパク質分解酵素の一種であるナットウキナーゼが、血管内で血液が凝固してできた血栓を溶解するため、納豆を摂取することにより、血栓の予防や、心臓血管系の強化につながるというものである。また不思議なことに同じ納豆の中には、これと相反する血液凝固因子のビタミンKが存在することなど、人体との深いかかわり合いには驚嘆せざるを得ない。

伝統食品の存在は人知の結果であるなどといわれているが、人知をはるかに超えた存在である。

このように古来の伝統食品〝納豆〟が現代科学による解明を受け、新しい健康食品として認識され現代社会に寄与している。

以下、食品としての納豆の効能をご紹介するが、製造した納豆とともに納豆のすばらしさを消費者の方々にぜひ伝えていただき、食生活の改善や健康の増進に役立てていただきたい。

(2) 栄養価が高く、ビタミン豊富

■納豆一〇〇グラムのタンパク質は卵三個分

納豆は栄養価の高い食品といわれているが、基本的には大豆自体のバランスのとれた優秀な成分組成に由来している。「日本食品標準成分表」(表1—1)に示したように、成分は整い栄養価が高く、牛肉、鶏卵とタンパク質のみを比較しても、納豆一〇〇グラムは卵約三個、牛肉八〇グラムに匹敵する。

■消化率が高く栄養量が多い

蒸煮された大豆に納豆菌が繁殖・発酵すると、食べやすく消化吸収されやすくなる。表1—2に示したように、

表1－1　納豆の栄養成分（100g中）

		大豆*（煮豆）	納豆*	栄養所要量**（青年男子1日）	納豆100gによる摂取割合（納豆／栄養所要量×100）	参　考	
						牛肉	鶏卵
エネルギー	Kcal	180	200	2,500	8%	144	162
水分	g	63.5	59.5	—	—	71.8	74.7
タンパク質	g	16.0	16.5	70	24%	21.2	12.3
脂質	g	9.0	10.0	—	—	5.6	11.2
糖質	g	7.6	9.8	—	—	0.3	0.9
繊維	g	2.1	2.3	—	—	0	0
灰分	g	1.8	1.9	—	—	1.1	0.9
カルシウム	mg	70	90	600	15%	4	55
鉄	mg	2.0	3.3	10	33%	2.2	1.8
ビタミンA	IU	0	0	100	0		
ビタミンB_1	mg	0.22	0.07	1.0	7%	0.09	0.08
ビタミンB_2	mg	0.09	0.56	1.4	40%	0.21	0.4
ナイアシン	mg	0.5	1.1	17	7%	4.9	0.1
ビタミンC	mg	0	0	50	0	2	0

注　*科学技術庁資源調査課編「四訂　日本食品標準成分表」による
**厚生省公衆衛生局栄養課編「日本人の栄養所要量」による

表1－2　大豆および大豆加工品の消化率と栄養量

（望月英男，1961）

食品名	歩留り（%）	消化率（%）	栄養量（100g当たり）
煮　豆	98	68	67
いり豆	98	60	59
きな粉	90	83	75
豆　腐	52	95	49
納　豆	90	85	77

栄養量：歩留り（%/100）×消化率（%/100）×100

消化率は煮豆の六八%から八五%に上昇し、栄養量も大豆加工品中、もっとも多くなる。

■米飯との組み合わせバツグン

米飯中心型の食生活の場合、必須アミノ酸は米飯ではリジンが、また納豆ではメチオニンとシスチンの含硫アミノ酸が不足しているが、米飯と納豆を同時に摂取するとアミノ酸組成が著しく改善される。図1―2は理想的な必須アミノ酸組成をもつ鶏卵と米飯・納豆同時摂取の場合の比較である。メチオニンとイソロイシンが少々足りないが、たいへん合理的な組成となる。

■突出するビタミンB_2とビタミンK_2

納豆菌の発酵により、ビタミンB_2が煮豆の六倍量にもなる。

また、ビタミンK_2がほかの発酵食品の数百倍も含まれている。最近の研究で、骨を形成するにはビタミンKが重要な働きをし、カルシウムだけを吸収しても、骨になりにくいことがわかった。ビタミン

KのなかでもビタミンK_2がカルシウムとタンパク質を結合しやすくし、骨を形成することがわかっている。

(3) ナットウキナーゼで一躍注目—納豆の生体調節機能

■循環器系への作用

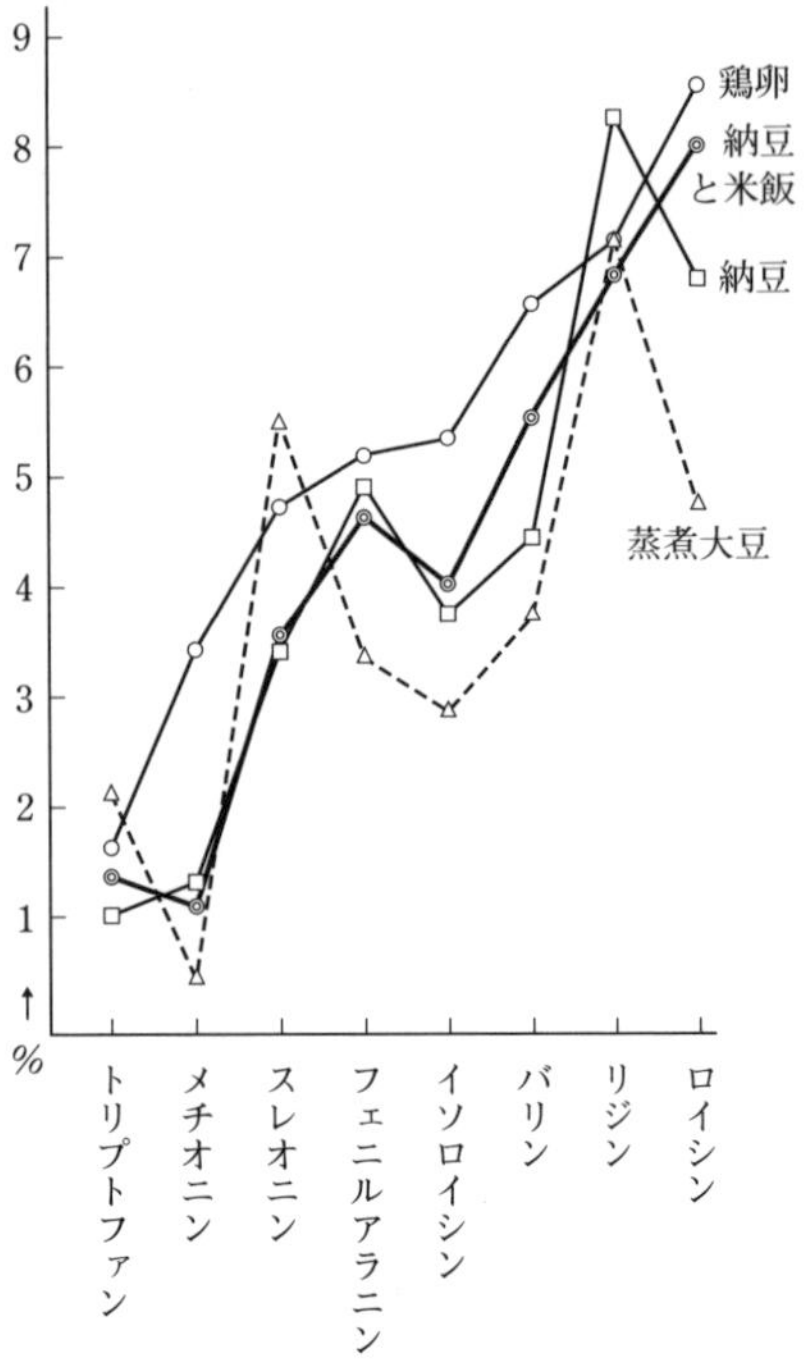

図1—2　納豆と鶏卵のタンパク質中必須アミノ酸の割合

（林ら，1976）

コレステロール低下作用　納豆の脂質の主成分は不飽和脂肪酸のリノール酸で、全脂質の五〇%を占める。リノール酸は血漿中のコレステロールを低下させるため、動脈硬化や心臓病・高血圧の予防に効果的である。飽和脂肪酸であるパルミチン酸一グラムを摂取することで起こる血漿コレステロールの上昇は、二グラムのリノール酸を摂取することで抑えられるといわれているが、大豆油はパルミチン酸七～八%、リノール酸五〇%が含まれるので、コレステロール低下作用がかなり強いことが知られている。

血栓溶解作用　一九八七年宮崎医大、須見洋行助教授によって納豆中から発見された血栓溶解酵素は「ナットウキナーゼ」と命名された。人体内にはプラスミンという血栓溶解酵素がある。現在血栓症の治療には、プラスミンの血管内生成促進のためウロキナーゼという酵素を投与している。心筋梗塞などの発症直後で危険な患者には、ウロキナーゼ三〇万単位が投与されるが、納豆ミニパック五〇グラムにはウロキナーゼ八〇万単位分の血栓溶解作用があるという。また、納豆の酵素は食べても体内に吸収されるので、常食すれば血栓症防止に役立つといわれている。

■消化器系への作用

整腸作用　納豆は一グラム中に一〇億以上の納豆菌を含んでおり、一〇〇グラムを摂取すると約一〇〇〇億の納豆菌が腸に入り、腸内の異常発酵や下痢などの原因をなす腐敗菌を抑制する働きをするといわれている。乳酸菌の繁殖を助け、腸内細菌のバランスを整え、下痢や腸炎を予防し、便秘を防ぐ。

消化作用　納豆菌にはタンパク質をアミノ酸に分解するプロテアーゼ、デンプンをブドウ糖に変えるアミラーゼ、脂肪をグリセリンと脂肪酸に分解するリパーゼ、繊維質を糖に変えるセルラーゼなどの酵素群が多く含まれている。納豆菌の増殖発酵により、蓄積された納豆菌のもつ諸酵素が、消化管の中で消化酵素として有効に働く。

消化器系伝染病への抗菌作用　第二次世界大戦前の一九二九年から一九三八年にかけて、納豆菌が消化器系伝染病のチフス菌や赤痢菌に対して抗菌作用をもつという報告や、治療に関する報告がある。

小腸輸送能への影響（動物実験）　納豆菌を与えたマウスに、実験的に下痢を起こさせてみると、納豆菌には小腸輸送能を遅らせ下痢を止める効果があることがわかる。また、下痢が起こらない通常の場合には小腸輸送能を促進するので、便秘の場合には早く便が出るように正常化する作用があるのではないかと考えられている（河野臨床医学研究所、一九七八）。

■免疫系への作用

非特異免疫をつくる（動物実験）　予防しようとする病気の原因菌とワクチンとして注射する菌との間に関係のない場合を非特異免疫というが、納豆菌を接種されたマウスが、この刺激で抵抗力を高め、あとから入ってきたブドウ球菌を排除したという報告がある。

インターフェロン誘発作用　納豆菌が生体でインターフェロンの産生を増強して、体の抵抗力を高める可能性がある。

3 納豆づくりが自給率を高め、地域を守る

(1) 国産から輸入へ、納豆用大豆の変遷

納豆原料の大豆は、五穀と呼ばれる稲麦粟稗の中で、もっともタンパク質や脂肪に富み、米麦を中心とする食生活のなかで、健康を支える重要な役割を果たしてきた。わが国の伝統食品である納豆、味噌、醤油、豆腐などの自給食料として、あらゆる家庭でつくられ今日に及んできたのである。

日本人にとって不可欠の食糧が連綿として確保できたことは、大豆が日本の気候風土に適した作物で、また、肥料のない時代でもつくりやすい作物であったと考えられる。

■四〇年前までは国産が主流

記録に残っている国内大豆栽培と納豆生産の関係を調べてみると、明治から大正末期に至る半世紀は日本の食糧の自給自足時代であった。昭和に入って満州・朝鮮から、また戦後はアメリカや中国から輸入が始まるまで、納豆は一〇〇パーセント国産原料であった。

この期間最大量の収穫があった大正九年の大豆収穫量は五五万九〇〇トンで、当時の人口五五三九万人に対し、年間一人当たり約一〇キロの供給量があった。これが豆腐・納豆・煮豆・味噌・醤油に加工され、タンパク質供給源として重要な役割を担っていた。

大正末期から昭和二十年の終戦までは、満州と朝鮮から安い大豆が大量に輸入され、国内生産量は半減した。

昭和二十年の終戦以降一〇年間の輸入途絶時代には、大豆の値段が上がったため国内生産量は復活したが、一人当たりの供給量は年間約五キロほどに減少している。

昭和三十三年の納豆用原料大豆の消費量は、全国納豆協同組合連合会（全納連）昭和三十四年八月提出の報告書によると、国産大豆三万六二四トン（八一・五％）、輸入大豆六九四八トン（一八・五％）、計三万七五七二トンで、当時はまだ国産大豆の割合が多かったことがわかる。

このように、昭和三十五年頃までは納豆は各地で栽培されていた地元の国

内産大豆が使われていた。良質の北海道産大豆は当時、国内産の二〇%を占めるといわれ、その七〇%が市場に出荷されていたとのことで、かなり納豆用に使われていた模様である。

■現在、国産大豆納豆は四%以下

しかし、以降は貿易の自由化時代となり、アメリカや中国大豆の輸入が始まり、安価な外国産大豆に対して国産大豆栽培は減少の一途をたどってしまった。

昭和五十年(一九七五年)の納豆生産量は約七万トンであり、その九〇%を中国に依存している。一九九九年には納豆生産量は一三万トンと倍量に増加し国産大豆も渇望されてはいたが、供給量の少ないことから納豆業界では外国に依存度を高め、アメリカ・カナダ産小粒が八〇・八%、中国産一五・四%、国産三・八%となってしまったのである。

(2) いま、国産大豆の増産が求められている

今や、わが国の食生活の重要な食料である大豆はそのほとんどを輸入に依存し、自給率三%に落込み、世界情勢からみて将来の安定供給が非常に危険な状態となっている。

国産大豆はその食味、品質の面から需要が多い。

今後われわれはますます国産大豆の栽培を奨励し、各地域において消費者、生産者が一体となって利用し、生産量を高め、ひいては自給率を高め、農村の活性化をはかり、日本国民の健康を守る体制を敷かねばならない。

■当面の目標は大豆自給率五%

二十一世紀は農業復興の時代となる。今明らかにその兆候が見え始めている。

その第一の兆候は世界的な食糧の需給問題で、世界銀行、FAO(国連食糧農業機関)などが厳しい予測と対策を訴えている。

その内容は、①人口は二〇三〇年頃までに現在の約一・五倍の八五億人以上に達する、②食糧生産は人口増加に追いつけずに途上国の危機はいっそう深刻になる、③この解決のための食糧増産のための研究、④世界各国に共通して、食料自給力の維持向上と環境破壊的農業からの転換、などの必要性が説かれている。

わが国においても、一九九九年七月制定の新農業基本法により二〇〇〇年三月、食料・農業・農村基本計画が策定され、食料自給率はカロリーベースで一九九八年の四〇%を二〇一〇年に

四五%に引上げることが決められ、各主要品目の増産計画が打出された。

大豆については、日本型食生活に必要不可欠の食品であるとして、米、麦などとともに国民の生活に欠くことのできない重要な作物として位置づけられ、持続的な農業生産や食料自給率などの観点からその生産、維持・拡大をはかる、いわゆる本作として生産振興が実施されることとなり、次の施策が打出された。

①大豆増産計画

現在の自給率三%から二〇一〇年に五%へ

②水田転作として作付されていたものを本作として推進する

③大豆交付金の見直しによる制度改革

定額の交付金制度に改められ、ユーザーの求める品種・品質の大豆を生産すれば、高く売ることができ、それに定額の交付金が加算される仕組みで、大豆生産者は実需者の求める大豆生産に励むことができる。

④流通面での改革

入札以外の相対取引や契約栽培について、一定の手続きを踏めば交付金対象として認められる。

⑤食料消費面での「食生活指針」

農水、厚生、文部三省で協議、閣議決定された。指針の背景は「ごはん」を中心とした「日本型食生活」を見直そうという意図であり、今後の普及キャンペーンを通じて、豆腐、納豆など大豆加工食品の需要拡大が期待される。

以上のように、生産組織の育成や団地化による生産単位の拡大、大豆コンバインなどによる収穫作業、大豆共同乾燥調製施設の広域利用、機械化作業一貫体系による省力化、低コスト化、稲麦と併せたトータル所得の向上など、国をあげて大豆生産が推進されているのである。消費者の国産大豆志向の高まりも加わり、大豆を水田農業においての米に次ぐ所得確保作物として位置づけ、大豆の安定生産が本格的に国策として打出されたのである。

図1－3　茨城県下妻市にある「道の駅しもつま」は納豆工場を併設し，下妻産大豆100％の納豆を販売し，ヒット商品となっている

■「安全性」で強まる国産・地場産志向

第二の兆候は食品の安全性問題である。古くは残留農薬や遺伝子組み換え食品、現在では狂牛病が現実の問題となり、消費者はパニックに陥っている。

消費者は、安全食品の選択にとどまらない、自分の命は自分で守らなければならないことを悟り、そのためには生産の監視できる、身近な場所で生産された食料を選択する以外にないことを自覚したのである。つまりは郷土で、地元で生産されたものがいちばん安全な食品であったことに気づいたのである。

従来から農業試験場などの関係機関によって育種、栽培されてきた国産大豆は、安全性においても品質においても問題はない。自給率を高めるための手段として、国内各地で納豆適性品種を栽培・貯蔵し、一貫して現地でおいしい納豆を生産販売することは、安全や安心を求める消費者の意識にも合致し、時代の要請に全面的に応え得るものである。

消費者の舌が国産大豆の良さを忘れないうちに復活をはかることが肝要である。同時に子供たちへは舌の教育をして、食文化の存続維持に努める必要がある。

(3) 納豆加工で商品価格は四倍

農作物としての大豆は、今後、日本国民の重要な食品として認識され、生産においては国策として保護を受け、その栽培収入は従前よりも安定した利益を確保できるようになった。

しかしながら、生産コストの面で外国産の大豆とは格差があり、原料用農産物生産だけでは農村は立ちゆかない。このため今までのただ単なる農作物の生産と供給だけではなく、これを加工し付加価値を高め販売することにより、加工の利益を含め高収入を得ることを考えたい。

従来の農村工業の自分でつくって自分だけで食べる自給自足ではなく、原料の生産から、これの加工と販売を含めた農村の新しい企業として展開・発展させるのである。数ある大豆加工食品のなか、事業の対象として納豆生産を採り上げることは、大豆の利用効率および栄養と食品機能性から国民に貢献できることは間違いない。

大豆の栽培から一貫して納豆生産をした場合の商品価格の上昇をみてみよう（表1—3）。

原料価格七万二〇〇〇円が、納豆製品になるとおよそ三〇〇万円となり、じつに四倍の商品価格となるのである。

しかも、大豆生産には四カ月かかるが、納豆生産はたった四日間である。四日間で四倍に商品価格が上昇するのである。

次に国産大豆と外国産大豆を使った場合との納豆製品の価格差をみてみよう（表1—4）。

表1—3　大豆を納豆にしたときの商品価格差

①原料大豆価格（納豆小粒）	
60kg24,000円，反当収量3俵として，	72,000円
②納豆製品価格（3俵で50g入り納豆が6,600個生産できる）	
70円（50g入り国産大豆納豆の平均価格）×6,600個	462,000円
③納豆生産経費総額（24.60円×6,600個）	162,000円
④生産経費を差し引いた納豆製品の価格は②—③	300,000円

表1—4　国産大豆と外国産大豆の価格差

①原料大豆の価格差	
（大豆60kgで50g入り納豆が2,200個生産できる）	
国産（納豆小粒）60kg 24,000円として50g1個の価格は	10.90円
外国産（中国・アメリカ）60kgで6,000円として50g1個の価格は	2.73円
したがって原料価格差は	8.17円
②納豆製品の価格差	
国産大豆納豆の売価　50g平均	70.75円
外国産（アメリカ・中国）大豆納豆の売価　50g平均	56.00円
したがって製品価格差は	14.75円

国産大豆の五〇グラムパック一個の原料価格は、外国産大豆に比べ八・一七円高い。しかし、製品は五〇グラムパック一個一四・七五円高く販売している。原料差額を差引けば、国産は五〇グラムパック一個当たり六・五八円高く販売されていることになる。

以上のように、大豆は納豆にすることで高い付加価値がつき、外国大豆との原料価格の格差も、販売方法によっては十分吸収のできる金額であり、利益を生むことができる。

栽培から納豆の生産販売までの一貫した事業は二十一世紀における農業の新しい方向であり、農村の新しい企業として取り組んでいただきたい。今や納豆加工は農村農家の出番であり、課せられた使命でもあるのである。

第2章

「納豆」を知って原料大豆を選ぶ

1 納豆ってどんなもの?

(1) 納豆はバクテリアによる短期熟成型発酵食品

日本は温暖で湿度の高い気候条件にあるため、微生物の繁殖に適しており、昔から微生物を利用した発酵食品が数多くみられる。代表的伝統発酵食品は日本酒、焼酎、味噌、醤油、食酢、納豆などであり、海産物では鰹節、塩辛が有名である。

利用される微生物は、日本酒や焼酎ではデンプン分解力の強い麹菌とアルコール発酵のための酵母、味噌や醤油ではタンパク質分解力の強い麹菌と酵母や乳酸菌類、食酢の製造に用いられる微生物は多数であるが、基本的には麹菌での糖化と酵母のアルコール発酵、酢酸菌による酢酸発酵で食酢を製造する。鰹節にもやはりカビが利用されている。

このように日本の発酵食品には麹菌や酵母、乳酸菌、酢酸菌などが関与し、製造期間も酒類で一カ月以上、調味食品の味噌と醤油では一〜二年の長丁場で生産されている。

この中にあって納豆のみは、枯草菌の一種である納豆菌というバクテリア(細菌)による発酵食品である。大豆の煮豆の表面に納豆菌が繁殖し、納豆菌の生産するタンパク質分解酵素により、大豆のタンパク質がアミノ酸にまで分解され、独特の粘質物と風味が生産される。

この発酵は非常に短時間内に行なわれ、納豆が完成するまでには発酵開始後一八〜二〇時間、熟成期間を含めても三日間とはかからない、味噌や醤油などの長期熟成型に対し、短期熟成型の発酵食品である。

(2) おいしい納豆の条件とは

■納豆のおいしさは粘質物にある

納豆の第一の特徴はネバネバであり、この粘質物こそが納豆のおいしさのポイントである。

先に、納豆菌は枯草菌類の一種であると前置きしたが、枯草菌はこの粘質物を生産せず、納豆菌のみが生産する。おいしさを決める重大な要素であり、試みに納豆からこの粘質物を拭い去るか、あるいは水洗いして取り除き、残った納豆を食べてもおいしさは感じられない。

粘質物の化学成分はグルタミン酸のポリペプチドとフラクタン（フラクトース〔果糖〕がつながった多糖類）で構成され、納豆の旨味の主成分である。グルタミン酸は大豆に多く含まれているアミノ酸の一種で、このナトリウム塩（グルタミン酸ナトリウム）はコンブの旨味成分として知られている。強い粘性はグルタミン酸のポリペプチドがもち、フラクタンは粘りの安定性に役立つといわれている。

ネバネバを箸でかきまわして引っ張ると五〜六メートルくらいまで伸ばすことができ、まさに糸引納豆といわれる所以である。

納豆に小粒大豆が好まれる理由も、大粒にくらべ重量に対する大豆表面積の割合が大きいため、納豆菌が繁殖発酵しやすく、おいしさのもとである粘質物がたくさん生成されることが一因となっている。

■甘味のある快い芳香を放つ

納豆の味は割合、淡白なものであるが、グルタミン酸が旨味の主役でありその他のアミノ酸も苦味や渋味を添え、これに発酵で生産されるコハク酸や、大豆由来の酢酸、乳酸などの有機酸が複合して納豆の味を形成している。

納豆特有の香気成分としてはイソバレリアン酸、ジアセチル、テトラメチルピラジンなどがあげられているが、良い原料で良い発酵が行なわれた製品は甘味のある快い芳香を添えることができる。

このように納豆のおいしさは、納豆菌の繁殖と発酵により、大豆のタンパク質や炭水化物などが分解されて形成される。タンパク質はアミノ酸に分解され、炭水化物によって有機酸類や香気成分などが形成され、納豆の味と香りがつくられるのである。

■保存温度が高いとアンモニアが発生

発酵終了後は一次冷蔵庫中でゆっくりと五℃以下に冷却し熟成させるが、それ以降の包装工程や二次冷蔵庫、保冷車冷蔵車などの流通過程で、誤って納豆の品温を二〇℃近くまで上昇させてしまうと再び納豆菌の繁殖が始まり、炭水化物が消耗し、納豆菌が炭素源をアミノ酸に求めるようになるので脱アミノ反応が起こり、アンモニアが発生することになる。保存温度を上げてしまうと一日で過熟となり、食べられないほどアンモニアが発生してしまうのである。

おいしく食べるには低温保存で熟成させることがもっとも大切である。

■うまいまずいを決めるのは、原料と発酵

納豆の原料は大豆と水と納豆菌である。このうち水は飲料に適した水であればよく、納豆菌は現在販売されている種菌を衛生的に使えばよい。

問題は大豆である。納豆生産は原料大豆の性格そのものが製品に反映し、他の発酵製品のように足りない成分を補填する原料調整を行なうことができない。良い原料を選択し、変性させないよう保存し、納豆を生産することが重要である。

納豆用原料大豆は、大豆の旨味が最終製品にまで残るので、煮豆にして旨いものを選ぶことが大切である。化学成分としては、糖質の多いものがよい。

この理由は大豆の成分比率にあり、大雑把に分けるとタンパク質四〇％、炭水化物二〇％、油脂が二〇％の比率となる。油脂は発酵にあまり関与しない。問題は炭水化物で、これは納豆菌繁殖のエネルギー源となるが、成分比率が少ないため、一日の発酵で大部分が消費されつくし、繁殖温度帯を持続すると遊離アミノ酸を炭素源として消費するため脱アミノ反応が起こり、アンモニアが発生することになる。発酵

工程における温度制御も重要ではあるが、糖質の多い原料大豆からゆとりのある良い発酵が得られ、納豆に旨味が残る。

原料の選択ができたら、次に大切なのは原料の保存である。大豆は外気の温度や湿度の影響を受けると品質が劣化し、良い納豆ができにくくなる。収穫時の品質を年間保持して均一な製品が生産できるよう、とくに六月から十月までは気温の影響による成分変性をさけるため、室温一五℃、湿度六〇%の低温倉庫での保管が必要となる。とくにひきわり、二つ割りなどの表皮を除去した原料では、常温一週間くらいで変性してしまうので十分な注意を要する。

大事に保存された原料は、製造工程の洗浄、浸漬、蒸煮、納豆菌接種、充填、発酵、一次冷蔵、包装、二次冷蔵を経て製品となる。各工程ともそれぞれ重要な部分ではあるが、とくに発酵工程により、総括される。発酵は短時間に行なわれるので、周到な計画をもって発酵を誘導し完結させなければ良い製品を得ることができない。

以上のように、良い製品づくりには、原料の選択と発酵の管理が重要なポイントとなる。

(3) 糸引納豆の種類もいろいろ

納豆と呼ばれるものに三種類ある。甘納豆、糸引納豆、塩辛納豆で、ここでは糸引納豆のみを採り上げる。原料大豆の粒形、加工法、栽培地・栽培法、容器などから次のように分類することができる。

①原料大豆の粒形による分類

大粒大豆（直径七・九ミリ以上）

中粒大豆（直径七・三ミリ以上）

小粒大豆（直径五・五ミリ以上）

極小粒大豆（直径四・九ミリ以上）

②原料大豆の加工法による分類

ひきわり大豆（加熱式）

ひきわり大豆（生割り）

二つ割り大豆（浸漬後脱皮）

③原料大豆の栽培地・栽培法による分類

国内産

中国産

アメリカ産

カナダ産

有機栽培・無農薬栽培

④容器の形態や材料による分類

ＰＳＰ角容器・カップ容器

紙箱・カップ

経木

わらづと

2 納豆製造の歴史を振り返る

(1) 原点はわらづと納豆

今でも、「うちのおばあちゃんは、よく納豆をつくってくれた」とか、「お袋は納豆づくりの名人だった」とか言っている人がいる。

現在はあまり見かけなくなったが、昔は農村では大豆の煮豆をわらづとにつつんで、暖かいコタツや、かまどの中に入れたり、畑に穴を掘り、火を焚いて温かくし、その中に埋めるなどして納豆がつくられていた。

これは、稲わらに付着していた納豆菌の胞子が大豆の煮豆表面に繁殖、発酵して納豆になったものである。

納豆菌は土壌微生物の一種で、稲わらの寄生菌である。水稲の生育期の夏には雨が降り、湿度も高く、気温も三七〜三八℃となり、納豆菌の生育には最適の環境となる。やがて納豆菌は胞子を形成して死滅し、収穫後の乾燥された稲わらには、納豆菌胞子がたくさん残される。これで包装用のわらづとがつくられ、煮豆との遭遇により、眠っていた胞子が新たに発芽して、納豆をつくりあげたというわけである。

しかし納豆づくりの実態は納豆の発生から食文化の発達した室町時代、納豆の一般化した江戸時代を経て明治時代に至るまでまったくの神だのみで、製造原理がまったくわからず、バクテリオファージ（納豆菌に寄生するウィルス）によって引き起される腐造による倒産、夜逃げなどがあとをたたなかったのである。

(2) わらづとから納豆菌へ、納豆製造は大きく変革

明治二十年代は日本の科学の黎明期であり、西洋で微生物学を学んできた研究者たちにより、日本特有の清酒、味噌、醤油などの発酵食品の研究が開始された。

納豆もこの対象となり、まずはどのような微生物で納豆がつくられるのかの解明に向けられた。

明治二十七年の日本化学誌に発表された、矢部規矩治氏の“On the Vege-

わらづとの中にほおの葉を敷いて入れ，温度変化の少ない雪の中に寝かせる（岩手県・雪納豆）

煮た大豆をわらづとに入れ，むしろでくるみ土間や納屋のすみに寝かせる（茨城県）

わらづとを詰めた桶を逆さにして，沸騰したなべにかぶせ,立ち上る蒸気で温める（山形県・桶納豆）

庭のすみに穴を掘り，稲わらを焚いて土を温める（宮城県・土納豆）

図2―1　各地の納豆づくり

（写真はいずれも千葉寛）

table Cheese, Natto"が記念すべき納豆研究論文の第一号となった。

その後の研究者たちにより、納豆生成菌が、バチルス属の細菌であることがほぼ明らかになったが、一種類の細菌によるものか、二種類以上の細菌によってできるものか疑問が残されていた。

一方、東京大学の沢村真助教授は、わらづと納豆は衛生的に非常に不潔であり、稲わらから納豆菌を分離し、純粋培養したものを大豆に接種して納豆をつくるべきであると主張し、明治三十八年、ついに単独で風味のある納豆菌を発見し、*Bacillus natto Sawamura*（バチルス・ナットー・サワムラ）と命名した。そして納豆製造の実用化をはかったが、なかなか達成されなかった。

その後、本格的に納豆の製造改革に取り組んだのは北海道大学の半沢洵博士であった。

大正三年、欧米各国の留学から帰国して、北大で応用菌学講座を開き、納豆が冬の長い北海道のタンパク食品として極めて優れている点に着目して研究に着手された。そして雑菌の多いわらを用いた納豆の製造が衛生的にも品質的にも危険の多いことを心配されて、〝納豆の容器を改良すべし〟と叫び続けられたのである。

わらの表面には多数の細菌が付着しており、その菌数はわら一グラム中に一〇〇〇万個から四億個もあり、わらづとに換算した場合、極めて多量の微生物が付着していることになる。先生は当時、学術の進歩した今日、衛生思想の発達しているわが国において、極めて非衛生的な方法で食品を製造し、食品を包装することは誠に残念であり、一日も早くこの非文明的な製造方法を改善し、わらの使用を全廃し、この理想的食品を他の衛生的な容器に切り換え、文明の進歩に伴う衛生的食品の生産に努めなくてはならないと訴え

られたのである。

このような、半沢先生の努力が実を結び、大正十年代からは純粋培養の納豆菌による納豆製造法が、一応、緒についた。純粋培養の納豆菌を用いる納豆製造法の出現は、従来の稲わらと大豆の関係を断ち切るばかりではなく、現在の納豆製造法の基礎となったのである。

以降、この科学的納豆製造法は広く業界に普及され、改良を重ねながらしだいに定着していった。

図2―2　冷蔵庫内で出荷を待つ製品
冷凍機の出現で納豆は年間を通して供給されるようになった

(3) 設備の機械化で近代的発酵工業へ変身

昭和三十五年（一九六〇年）以降は、経済復興と産業の発達、流通業界の変革が起こり、零細な家内工業的な納豆製造業も近代的発酵工業に変身した。

この第一の要因は、スーパーチェーンストアの台頭による食品小売業界の構造改革で、スーパーチェーンストアの店舗展開によって、大量な一括納入が要請されたことがあげられる。

第二の要因は、流通構造の変革や高度成長のあおりが納豆業界にも反映し、一九七〇年代は労働力不足が深刻化したことや、大量納入のために製造設備の機械化が促進されたことである。

現在においても、衛生的で納豆の製造と流通に機能性をもつＰＳＰ（ポリスチレン・ペーパー）容器の出現や、これによる容器の定型化によって自動充填機が発達したり、短期熟成の納豆発酵のため、プログラム制御のできる自動納豆発酵室の開発などが相次ぎ、機械化による近代化が急速に進められた。

第三のとくに重大な要因は冷凍機の出現であった。

すでに述べたように、納豆は他に例をみない短期熟成型の発酵食品である。一日で製品となり、常温に放置すれば一日で変敗するので、これが納豆工業の発展を阻止してきた最大の原因であった。

納豆菌の繁殖を温度で抑制できる冷凍機の出現で、製造中の発酵工程が的確にコントロールされ、均一生産をすることが可能となった。さらに発酵終了後には冷蔵庫内で低温熟成を行なわせることができ、流通段階ではコールドチェーンの発達により品質保持が可能となり、大量生産が実現し、安定供給ができるようになった。

一方、冷蔵庫が一般家庭にも浸透しはじめ、昭和三十七年(一九六二年)にはすでに三〇%も普及し、現在では全家庭に網羅され、納豆は家庭で保存できるようになった。

このように冷凍機の普及によって、納豆は季節商品ではなくなり、年間を通して供給され、賞味される発酵食品に成長した。

二十世紀におとずれた納豆生産技術の革新は、微生物学の黎明期に始まり、大戦後の高度成長期における食品小売業の構造改革や、機械、電子工業および冷凍機の発達による生産と流通技術の発達を含め、納豆工業にとっては発展のためのすべての条件が整い、需給のバランスを保持しながら拡大を続け、奇跡とも思える展開を成し遂げた。

この結果、一九八〇年代は大型工場の建設が相次ぎ、FA化工場まで完成し、近代的発酵工業に変身したのである。

(4) 安定生産と引き替えに失った納豆の個性

現在の納豆工業は、微生物利用の発酵食品工業として完成し、衛生的な環境のもと、省力化かつ合理化された製造条件で安定生産が続けられている。

しかし、しだいに大量生産方式がとられ、原料も年間の生産品目を維持するため、大量供給のできる外国に依存するようになった。容器を含めた包装形態も、衛生面と機械化のための選択制約から、製品の画一化がなされ、個性的な製品が乏しくなっている。

原料大豆の粒形上から考察すれば、極小粒、小粒の全製品に占める比率は八三・五%、中粒一〇・八%、大粒五・七%(一九九五年日刊経済通信社調べ)であり極小粒、小粒が圧倒的である。

この理由としては、小粒が納豆の旨味の主成分である粘質物生成量が多いことや、食感上、米飯との釣合いがよいことなどがあげられてはいるが、本来は寡占化を続ける納豆業界において、売上げの七〇%を占める大手一〇社中の七〇%が茨城を中心とした関東勢であり、八溝山系の那珂川周辺で開発された極小大豆の地塚、生娘、納豆小粒を納豆最適性として売り出したので、全国的にこの傾向になったものと思われる。

この波に乗って最近では、日本の小粒、極小粒大豆の原種をアメリカやカナダに持込み栽培し輸入しており、納豆用原料としてのアメリカ・カナダ産小粒は、一九九二年に五五%であったものが一九九九年に八〇・八%にも増加している。この年の中国からの輸入量は一五・四%、国産大豆はわずか三・八%と、国産大豆がいかに貴重な材料であるかがわかる。

このように納豆業界の主流は、企業間の競合のための大量生産、画一的な機械生産とコスト削減のために安価な輸入原料への依存度を高めているのが実情で、本質的に原料による個性豊かな製品が乏しくなっているといえる。

それゆえ、現在の市販品は、容器の形状や包装形態、デザイン、タレなどの添付品などで差別化を求めてはいるが、あまり特徴はなく個性を失ってしまっているのである。

特徴ある製品づくりは原料の特性にあり、納豆化した製品の品質が問題となるのである。

極小粒、小粒こそ関東以北に片寄っているが、中粒、大粒は日本各地にあり、昔から納豆づくりに使われた品種も存在すると思う。納豆適性のある品種を探して個性豊かな製品づくりをしていただきたい。

国産大豆の栽培量が少ないゆえに、価値の高い自家栽培と納豆の自家生産、自家販売をすれば、原料の価格も保持することができ、加工販売の利益も得ることができる。生産した大豆に大きな付加価値が与えられ、ひいては地域の繁栄をもたらすことができる。

3 大豆、納豆菌の特性と発酵のしくみ

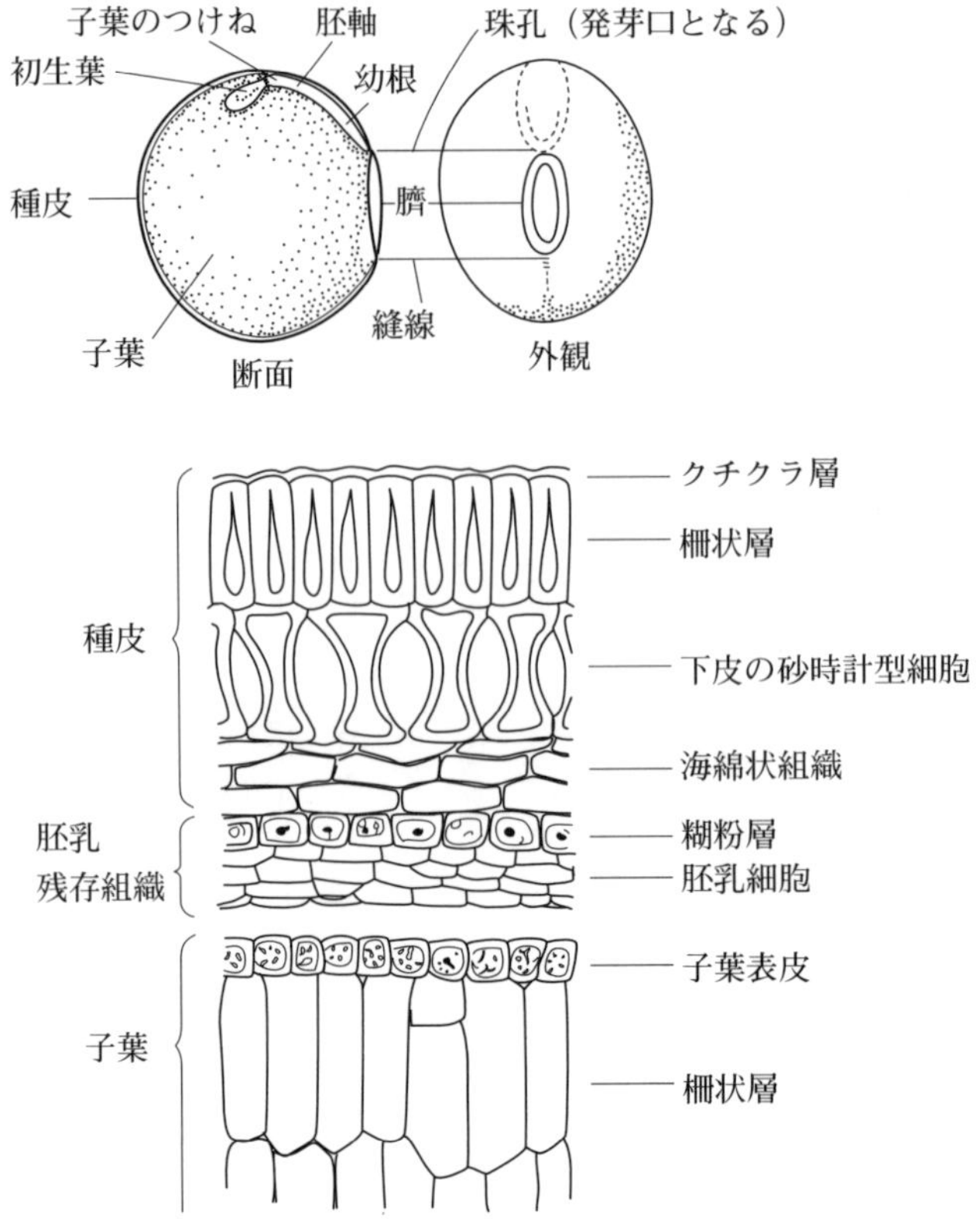

出典　星川清親（食用作物）

図2―3　大豆種子の外観と内部構造

(1) 大豆と納豆菌を知る

■納豆に変化する大豆の構造

すでに述べたように、納豆は大豆の煮豆（注、昔は水で煮たり、無圧のせいろで蒸したりしていたが、現在は圧力蒸煮が一般的であるため、以降「蒸煮大豆」の意味である）に納豆菌が繁殖、発酵したものであり、大豆の煮豆がわらづとに包まれ温度条件さえそろえば、何時でも納豆になるチャンスがある。

納豆の母体となる大豆は、図2―3のような構造をしている。

大豆種子の外観と種子の内部構造について説明を加えると、へそ（臍）の色は、白、茶、褐、黒などで、内部

表2—1　大豆中の納豆菌栄養源

炭素源（納豆菌のエネルギー源）	大豆中の炭水化物		大豆乾物中％	
	可溶性糖分	蔗糖 スタキオース	5.90 3.52	初期，中期のエネルギー源
	不溶性糖分	アラバン ガラクタン 粗繊維	3.80 4.62 3.86	セルラーゼ，ヘミセルラーゼなどにより可溶性糖に変わり後期の栄養源となる
	計		21.70％	
窒素源（納豆菌の菌体タンパク質の合成に必要）	大豆中の窒素化合物の種類		大豆乾物中％	
	低分子窒素化合物	アンモニア アミノ酸 ペプタイド	微量 〃 〃	初期の窒素源
	タンパク質		30～35％	プロテアーゼによりアミノ酸に分解され，中・後期の窒素源となる
	計		30～35％	
微量成分	ビオチン，ミネラル		大豆中に十分存在する	

（子葉）は黄または若緑色の品種があり、形はほぼ球形、楕円球状をしている。

種皮は強靱な組織からなり、貯蔵や運搬中の水分の蒸散の調節や、外部からの障害を防除する。種皮には凹みがあり、土壌中の微生物や汚れが入っており、洗浄で除去しにくく、浸漬中に微生物増殖の原因となる。

種皮下の子葉組織にはたくさんの子葉細胞があり、貯蔵タンパク質を貯蔵するタンパク質粒（プロテインボディ）と中性油を貯蔵する脂肪顆粒（リッピドボディ）がほとんどの部分を占めている。

炭水化物のうち可溶性糖類は、タンパク顆粒と脂肪顆粒の間の細胞質部分に溶けて存在し、繊維質（セルロース、ヘミセルロース、リグニン）は種皮の細胞壁に存在する。

種皮表面に付着した納豆菌を十分に繁殖させる栄養源を豊富に持合わせており（表2—1）、納豆菌の繁殖と発酵を受けて、世界にも稀な栄養と機能性豊かな健康食品に変わるのである。

それにはまず納豆菌が大豆成分を吸収しやすい状態にならなければならない。そのために大豆はよく洗浄し、十分に水で浸漬・吸水させ、蒸煮して大豆成分を熱変性させ、納豆菌酵素による分解を受けやすい形に準備することである。

■稲わら、土壌から分離される納豆菌の特徴

現在販売されている納豆菌は、昔は納豆づくりが盛んな地方の稲わらや土壌中から、現在は広く日本全体の稲わら、土壌中などから分離され、納豆にして風味が良く、糸引の強いものが純粋培養され、販売されている。

現在、営業中の納豆菌生産業者は三社で、仙台市の宮城野納豆製造所、山形の高橋祐蔵研究所、東京の成瀬発酵化学研究所がある。各社の納豆菌の性格は少々変わるが、ここでは培養上、生理上の特徴としてバチルス・ナットー・サワムラの諸性質を表2—2に、実際の納豆生産に必要な納豆菌の諸性質を表2—3に掲げた。

表2—2　納豆菌 ***Bacillus natto Sawamura*** **の諸性質**

培養上の特徴		生理上の特徴	
栄養細胞		グラム染色	＋
形　態	桿　状	酸素要求	＋
大きさ（μ）	2～3×1	メチレンブルーの還元	＋
胞　　子		硝酸塩の還元	＋
形　態	楕　円	インドール生成	－
大きさ（μ）	1.2～1.5×1	硫化水素生成	－
形成部位	多くは中央	ゼラチン液化	＋
寒天培養	淡褐色・扁平 乾燥粉状組織	ビオチン要求性	＋
発育の適温	40～50℃		
牛乳培養	凝固後溶解		

表2—3　納豆生産に必要な納豆菌の諸性質

胞子の発芽	最適温度　40℃前後 40～45℃　2時間以内大部分発芽する 50℃　発芽遅れる 55℃以上 10℃以下　24時間以内に発芽しない 100℃30分　発芽能力を失う
栄養細胞の生育温度	最適温度　39～42℃ 55℃以上 10℃以下　生育しない 100℃5分　死滅 20℃の生育速度は40℃の1/10以下となる
生育のpH	最適pH　6.8～7.6 上 限　9.5 下 限　5.5 浸漬槽での乳酸菌の繁殖は素豆の原因となる

■納豆菌の一生

さてここで納豆菌の送る生涯の全過程である生活環について説明する（図2—4）。

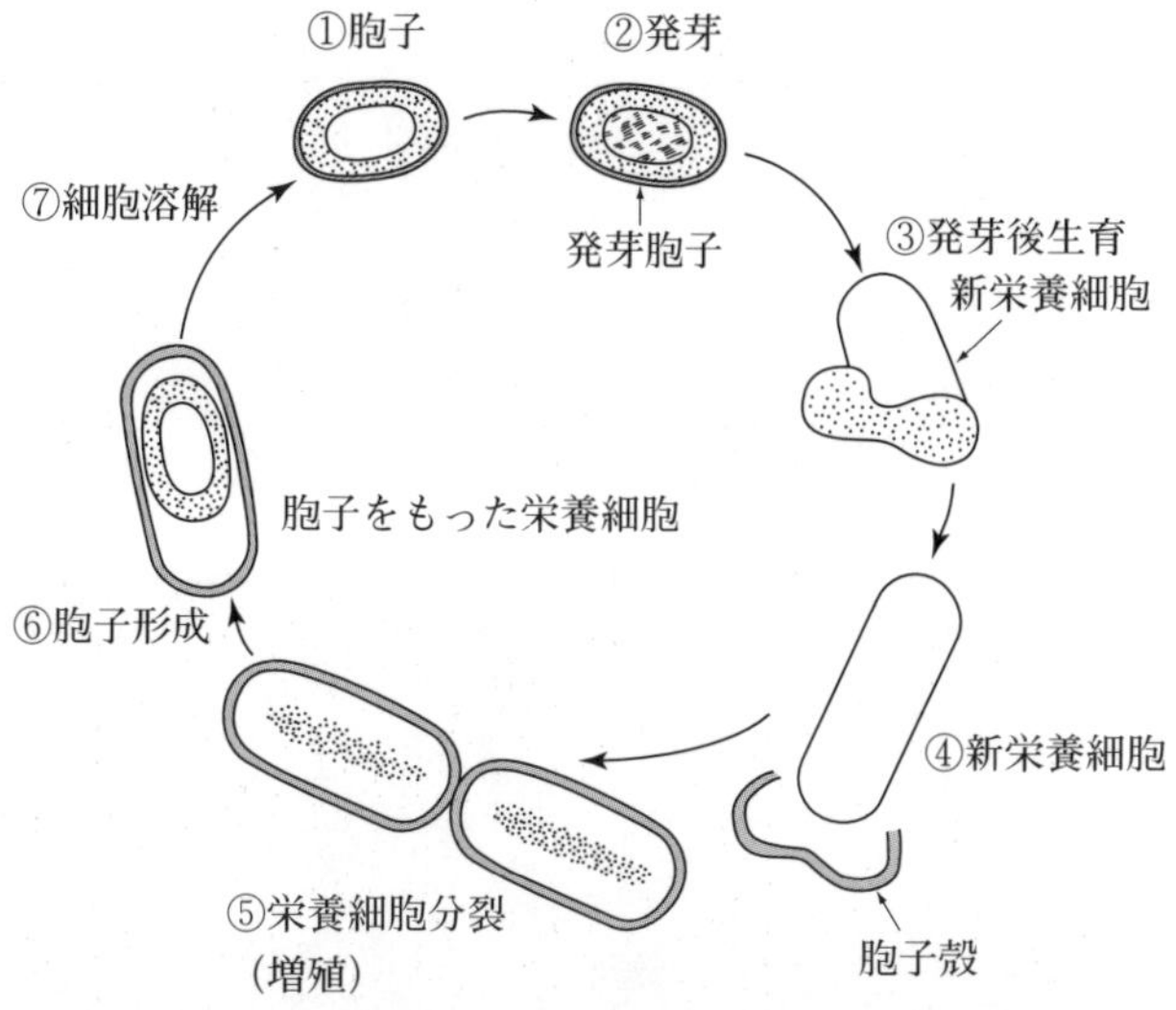

図2—4　納豆菌の生活環

①納豆の製造に使われる純粋培養した納豆菌と呼ばれているものは納豆菌の胞子である。蒸煮大豆の表面に納豆菌胞子を接種すると、

②胞子が発芽して

③生育し、

④新しい一個の栄養細胞が誕生する。発芽して栄養細胞となるまでには約二時間を要する。

⑤続いて栄養細胞の中心部が分かれ、分裂が始まる。いわゆる細胞分裂であるが、納豆菌は二分裂形式の増殖をして、横に横にと拡がりねずみ算的に増殖する。分裂の速度は三〇分に一回である。

⑥増殖と併行して発酵熱が多量に発生するため高温となり、老化した栄養細胞中には胞子が形成される。

⑦栄養細胞はやがて死滅し始め、細胞自身のもつ酵素の作用で細胞壁が溶解し、細胞内の胞子を含めた細胞内物質が漏出する自己消化という溶菌現象を起こす。

これが納豆菌の一生となる生活環である。納豆は納豆菌の接種をうけ発酵の終了した二四時間後には、胞子形成された納豆菌が一〇％、栄養細胞が九〇％程度となる。

図２—５には、大豆表面に増殖した納豆菌の電子顕微鏡写真を示した。

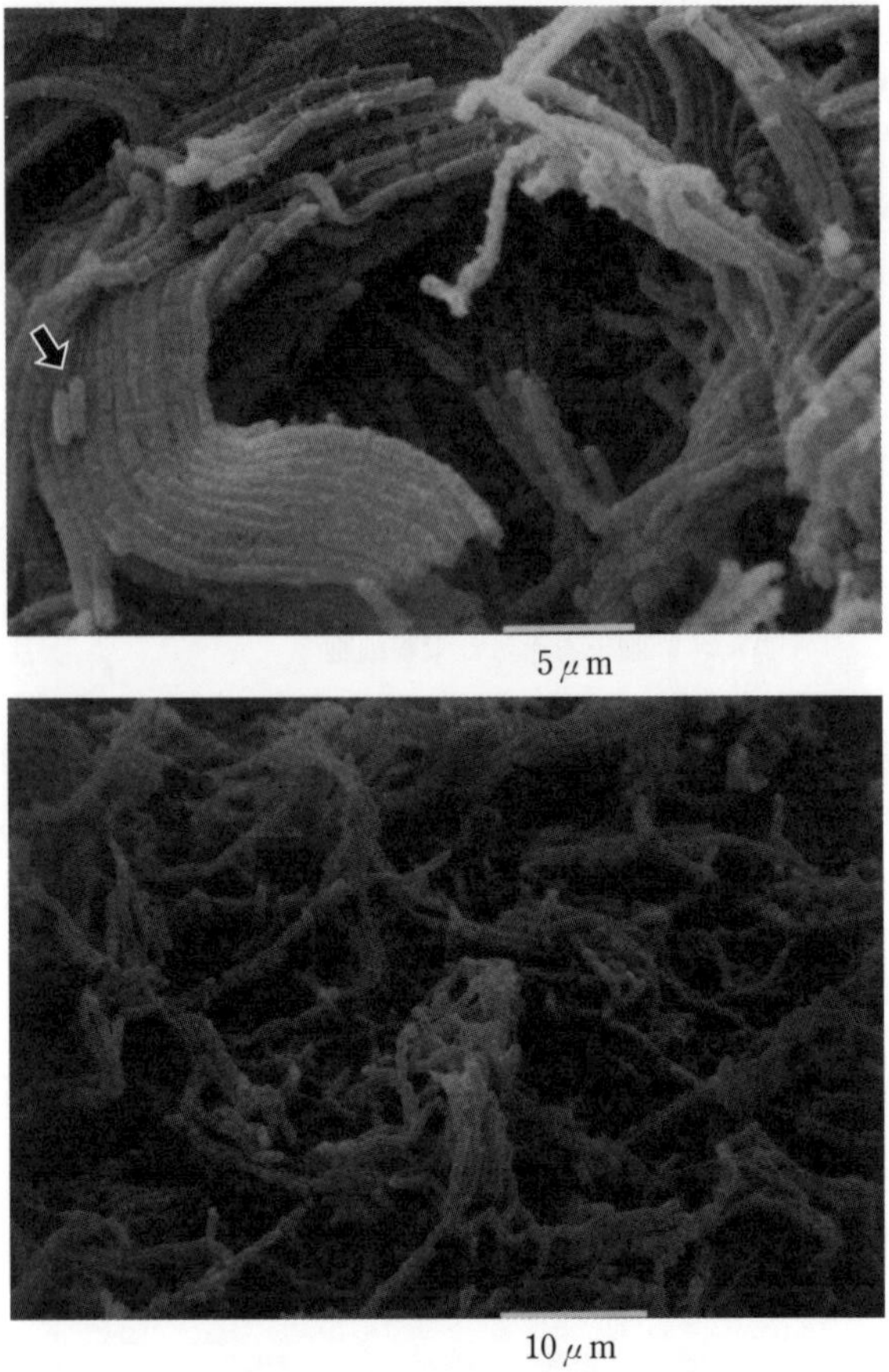

図2—5　大豆表面に増殖した納豆菌（培養8時間目）

上　盛んに分裂している状態の納豆菌が伸張してフィラメント状を呈し，隔壁が形成されつつある部分。中には単菌状態の納豆菌も見られる（矢印）。菌体の間に粘質物と思われる分泌物が見られる

下　隔壁の形成が多く，フィラメント状から桿菌状へと変化している部分

（写真提供　共立女子短大　田中直義先生）

(2)　納豆の短期熟成型発酵工程

納豆の発酵工程は納豆菌の増殖曲線と重なるところもあるので、これになぞらえて説明する（図２—６）。

■発酵前期（誘導期）納豆菌が大豆表面で繁殖開始

発酵の前段階は大豆表面に納豆菌を十二分に繁殖させることに始まる。浸漬工程で水を十分に吸収した大豆は、

その蒸煮工程では蒸煮缶内部で加圧蒸気によって温度が高められ、大豆水分の沸騰を起こす。種皮や子葉部細胞壁は柔軟になり、タンパク質粒や脂肪顆粒が破壊され、可溶性糖類など納豆菌の必要とする炭素源、窒素源、ミネラルなどの栄養物質が表皮に溶出する。

ここで蒸煮大豆には納豆菌胞子が接種され、個々の納豆容器に充填される。個々の容器はコンテナに並べられ台車で発酵室に引込まれる。

一室分の引込作業が終わると発酵室は密閉され、発酵が開始される。そしてまず栄養細胞の繁殖適温におかれれば納豆菌胞子はこの適度な潤いと温度の中で二時間以内に発芽し、一個の栄養細胞となる。

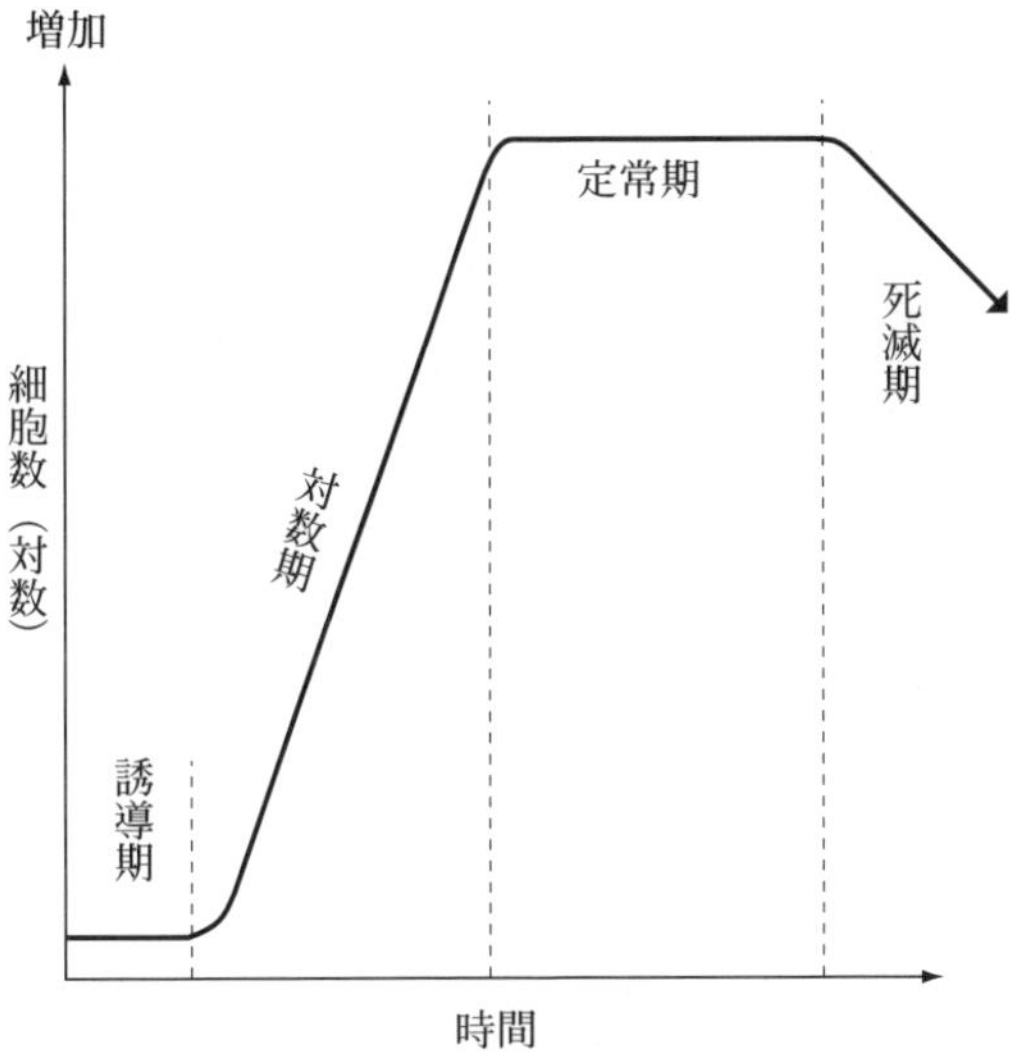

図2−6　納豆菌の増殖曲線

さて、ここで納豆菌のもっている酵素のはなしをしておかなければならない。酵素は化学物質を切断する鋏、あるいは物質の結合を解き放したり、結合させたりする鍵のような役割を果たす物質にたとえられているが、納豆菌は体の中の菌体内酵素をもち、またこれが体の外に菌体外酵素を出している。

納豆菌の菌体外酵素は、大豆表面に溶けている低分子の窒素化合物や蔗糖などを分解し、納豆菌の細胞壁、細胞膜を通過させ体内に取込む役割をもつ。菌体内酵素は、菌体内でさらに取込んだ物質を分解したり結合したりして栄養化し、細胞分裂を始めることになる。

ここで大切なのは、納豆菌は糸状菌のように固体基質の中にもぐり込んで繁殖することができず、栄養を吸収するためには大豆表面の栄養を溶かしている水の介在が絶対的に必要ということである。納豆菌が温度と湿度とを必要とする理由である。大豆表面が乾けば栄養を吸収できないので繁殖できない。一方、室内湿度を一定にすれば容器の透気性や季節によって変動する外気の湿度の影響を受けることがなく、安定して納豆菌を繁殖、発酵させるこ

納豆菌接種後（発酵前）　　発酵12時間後　　発酵・熟成終了後

図2—7　納豆菌接種後の大豆の変化

発酵を開始して12時間後のものは，菌苔がうっすらと形成されている。これが発酵・熟成終了後には，白く半透明のしっかりした菌苔となる

とができる。

前期はこのように室温四〇℃周辺、湿度八〇％以上という環境のもとで、分裂の速度は三〇分に一回ずつ、二分裂型式の増殖をして横に拡がり、ねずみ算的な繁殖を展開する。

■発酵中期（対数期～定常期）発酵熱が盛んに発生し、菌苔形成

納豆菌の繁殖は大豆の粒形・成分によっても多少異なる。粒形の相違はひきわり、極小粒、小粒、中粒、大粒など同重量に対する表面積の相違や繁殖速度や、ひきわりなど表皮のないもの、また可溶性糖類の含有量などにより変化する。

通常、中粒程度の大豆の場合では、発酵開始後約八時間くらい経過すると発酵熱の発生が盛んとなり、品温の立上がりを見せる。この時期から対数期といわれる時期に入り、納豆菌栄養細胞は旺盛な分裂を始め、菌数は指数関数的に増加する。増殖速度は最大に達し、細胞内の代謝活性も高くなり、納豆菌は蒸煮大豆表面で増殖の一途を辿り二次元から三次元にまで展開する。納豆の品温は五〇℃を突破する。

通常の微生物培養における栄養源の枯渇期を定常期というが、温度制御を行なわないと品温が五五～五六℃にも達し、過度の自己消化（俗に焼けるという）を招く結果となる。納豆製品としての良好な粘質物生成と風味の仕上がりを期待するには、通常、室温を制御し品温を五二℃で四～五時間を経過させるとよい。

■発酵後期（死滅期）納豆菌は自己分解し、熟成がはじまる

定常期からは納豆菌の栄養細胞の一部は、体内に胞子を形成させ、死滅期

を迎える。納豆菌は少しずつ自己分解し、細胞壁と細胞膜が溶解、細胞内物質であるタンパク質や菌体内酵素やビタミン、香気成分などが大豆表面に分散、組織内に浸透し発酵が加速される。肉眼で見える納豆の菌苔、菌叢の溶解はこの時期であり、納豆菌の栄養細胞は徐々に死滅する。

　納豆づくりを他の発酵食品にたとえるならば、前期、中期は麹づくり、後期は醪《もろみ》づくりであり、後期は酵素作用が盛んに行なわれる。

　すべての発酵食品は、微生物の自己消化（分解）以降、味の形成が行なわれるが、納豆の場合は納豆菌の生産する酵素のうち、とくに菌体外酵素のプロテアーゼやペプチダーゼの作用によって大豆タンパク質はアミノ酸にまで分解される。

　表2—4のように発酵開始後一六時間には代表的旨味のアミノ酸であるグルタミン酸が一一％遊離し、アミノ酸遊離率平均値は一一％にもなっている。アミノ酸の重合物であるタンパク質には味はないが、プロテアーゼで分解されアミノ酸単体（遊離アミノ酸）になるとそれぞれ甘味、苦味、無味を呈する。また並行して菌体内酵素の働きによる有機酸類の生成も行なわれ、旨味が一段と増してくる。

　しかし、品温を納豆菌繁殖温度帯に保持し続けると、納豆菌は繁殖を続け炭素源の欠乏から遊離アミノ酸に炭素源を求めるためアミノ基の脱離によりアンモニアを生成するいわゆる脱アミ

表2—4　納豆中の遊離アミノ酸（納豆100g中）

	全アミノ酸 (g)	遊離アミノ酸 (g)	遊離率 (%)
グリシン	0.6	0.06	10
アラニン	0.8	0.20	25
バリン	1.0	0.10	10
イソロイシン	1.0	0.12	12
ロイシン	1.6	0.28	18
アスパラギン酸	2.0	0.04	2
グルタミン酸	3.4	0.36	11
リジン	1.2	0.10	8
アルギニン	0.9	0.09	10
ヒスチジン	0.6	0.08	14
フェニルアラニン	1.0	0.10	10
チロシン	0.5	0.03	6.5
プロリン	1.5	0.07	4.5
トリプトファン	0.2	0.04	22
メチオニン	0.2	0.02	10
シスチン	0.2	0.01	5
セリン	1.2	0.04	4
スレオニン	0.8	0.22	26

ノ反応が起こり、アンモニアが発生する（図2―8）。適度な時期から強制冷却を行ない、納豆菌の繁殖温度帯以下に品温を降下させ、翌日は一次冷蔵庫に移し、十分に冷却を続けて五℃以下に保ち、納豆菌の繁殖を続けさせてはならない。

発酵後期は除湿が必要で、室内湿度を放出させ、外部の乾燥した低温空気と置き換える。吸排気にともなう冷却による除湿は納豆表面から水分を減少させるため、粘質物を濃縮させ、納豆の糸を強くし品質が向上する。

納豆菌を接種してから一八～二〇時間経過後、この目的のために発酵室から全製品を室外に出し室温に放冷し、ガス抜きを行なう場合もある。この場合も前記と同様、容器内の代謝ガスを外気と置き換え冷却、除湿を行なうことを目的としている。室温まで降下した時点で、五℃以下に設定した一次冷蔵庫に入れ冷却を続ける。

納豆工場の冷蔵は、納豆菌の繁殖を抑え、アンモニアの発生を防止するだけでなく、低温で納豆菌酵素による後期熟成をはかり、品質の向上安定をはかる重要な役目を果たしている。

(3) 発酵工程成功のポイント

- 納豆は短期熟成型の発酵食品であり、糸引納豆の外貌を形づくるにはわずか一六～一八時間で決定する。要するに納豆の発酵工程は、後で手直しの利かない短期決戦型である。
- 糸引納豆の品質の均一化をはかるためには、良い結果を生み出す条件をみつけ、パターン化し、継続的な品質の再現化をはからなければならない。発酵工程は品質にもっとも影響のある重要な工程なので、十分な管理が必要である。
- この発酵に先立って良い原料の選定と、浸漬・蒸煮などの前処理、これに続く接種工程において一定量の納豆菌胞子・スターターの使用も重要な要素である。
- 発酵開始後は納豆菌の栄養摂取のための湿度保持が重要なものの一つである。
- 誘導期を納豆菌の繁殖適温に維持し、対数期を経て定常期における粘質物生成のための温度調整も、容器の材質・保温性などによって条件が変わるため、細心の注意が必要である。
- 発酵室の容積に対する一定量の大豆引込量は、一定量の発酵熱の発生を約束するので、温度調整を一定化することができる。
- 定常期から死滅期にかけては納豆菌

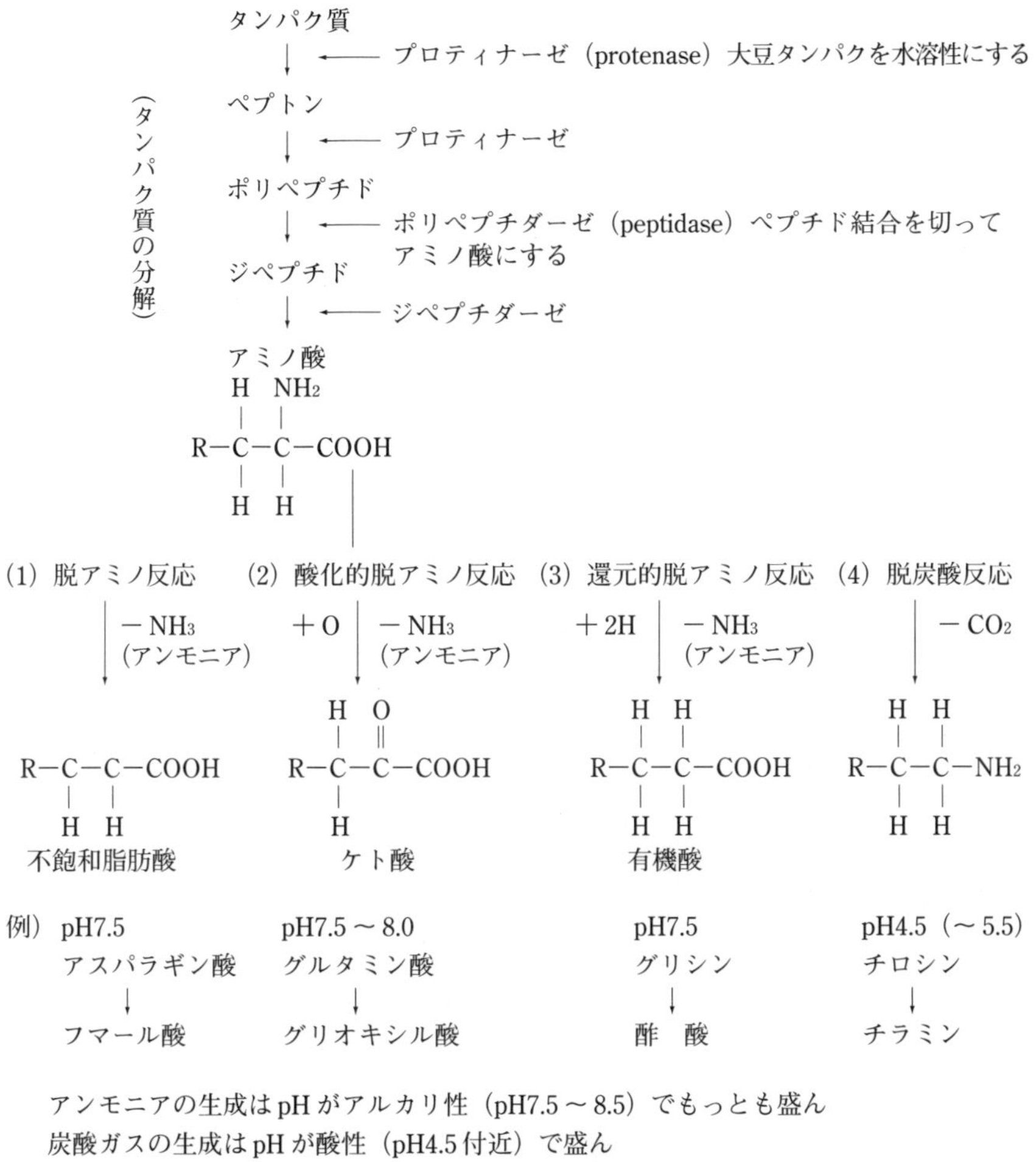

図2−8　納豆菌によるタンパク質の分解と脱アミノ反応によるアンモニアの生成

の繁殖は衰え、栄養細胞は自己消化を起こしていく。細胞内の体内酵素は徐々に溶出し、大豆組織内に浸透し、粘質物とアミノ酸生成が活発に行なわれ味が増してくる。

●発酵工程後半における外気との置換による除湿は、納豆表面の水分を減少させ、糸引を強くし、味を濃縮させる。

●これ以降は急速に室温を低下させ、できるだけ速く納豆菌繁殖温度帯を突破するよう品温を下降させ、二次繁殖による脱アミノ反応を防ぎ熟成を続け、発酵工程を終了する。

4 納豆用原料大豆の選び方

(1) おいしい納豆ができるのはこんな大豆

■納豆適性の指標は炭水化物含量

納豆用の原料大豆は次のような性格をもったものがよい。

①粒形は小さいほどよい
②浸漬時の吸水力が大きく、保水力のあるもの
③浸漬水への溶出固形分が少ないこと
④煮豆にした場合軟らかく、弾力のあるもの
⑤煮豆の口当たりがよく、甘味があり味のよいもの
⑥納豆菌がよく繁殖し、粘質物が多く生成し、味のよい納豆になるもの
⑦納豆になって日持ちがよいもの

など。集約すればよい納豆になる大豆ということにつきるが、大豆の旨味が最終製品にまで残るので、煮豆にしておいしいものを選ぶことも大切である。化学成分としては炭水化物含量がその指標となる。

■小粒、極小粒は粘質物がたくさんできる

小粒、極小粒が好まれる理由は、納豆の旨味の主因となる粘質物の生成量と口当たりの良さによるものと思われる。粒が小さくなるほど、単位重量当たりの表面積が大きく粘質物生成量も多い。また、小粒ほど納豆菌酵素が大豆に浸透するのも速い。中粒、大粒となるほど、納豆菌酵素の中心部に浸達するのに時間がかかり、表面は納豆であるが内部は煮豆の状態である。

しかし、地域により、微妙な大豆本来の煮豆の味が喜ばれ、中・大粒を好むところもあり、消費者の嗜好本位で自由に選択されたい。

■炭水化物が多いと煮えやすく、カルシウムが多いと硬くなる

吸水力は、炭水化物とくに多糖類の含量に関係し、水分量の多い大豆は煮えやすく、煮豆は弾力があって軟らかい。また、カルシウム含量の高い大豆は煮豆の硬度が高くなる。カルシウムは、子葉の細胞膜や種皮の繊維組織を結合し、難溶性となるため、煮豆が硬

くなる。

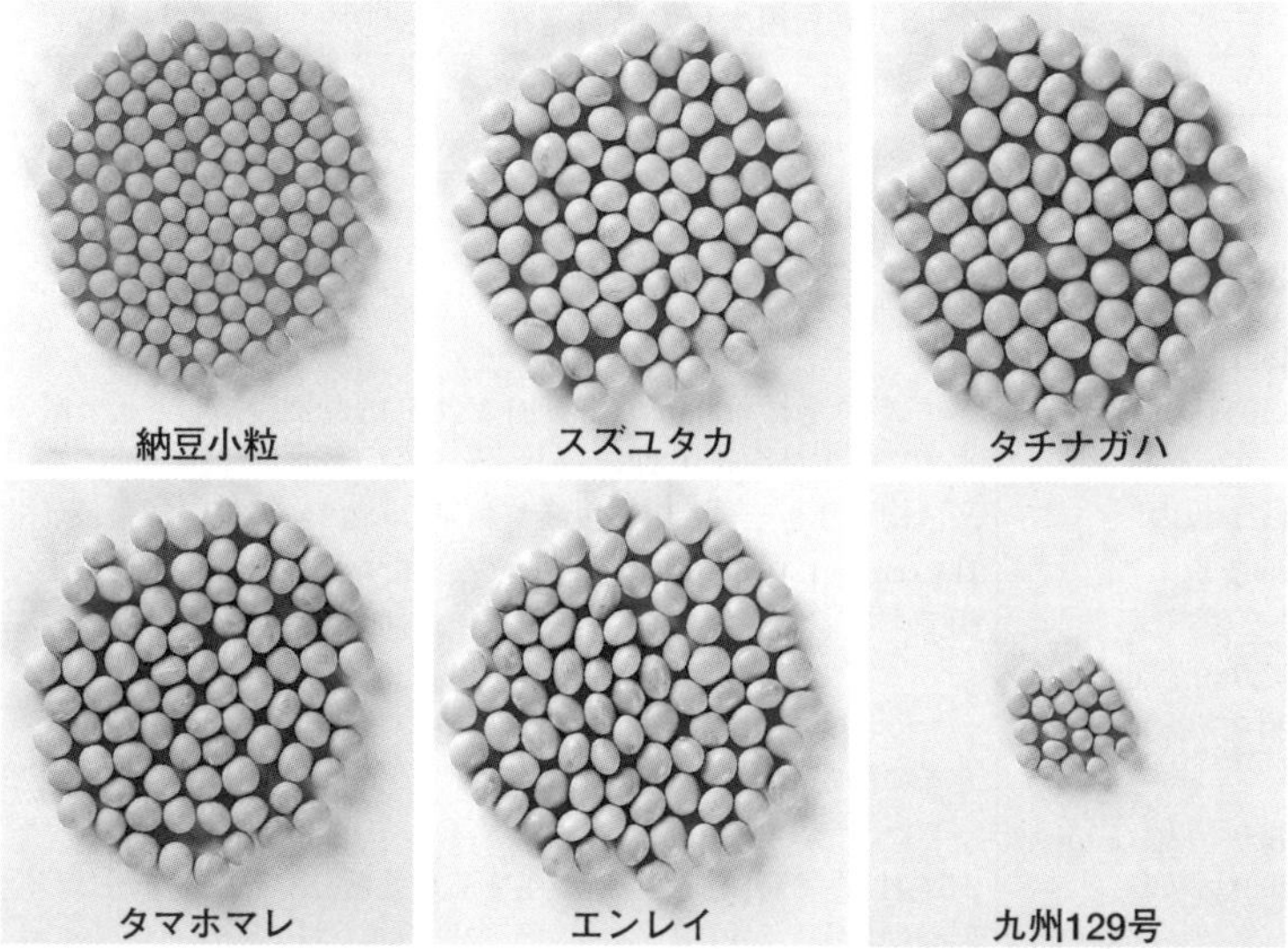

図2—9　大豆奨励品種のいろいろ

■新鮮なものほど浸漬中の成分溶出が少ない

浸漬中の成分溶出は大豆の鮮度に関係しており、古くなるほど増加する。大豆保管中の水溶性物質が増加したり、細胞膜の透過性が低下することと関係している。

溶出成分は、水溶性窒素化合物、糖分、無機質など納豆菌の繁殖に必要なものが多く、菌の生育や風味を低下させる。

■糖、アミノ酸が多いと納豆菌がよく繁殖し、粘質物も多い

納豆菌の繁殖や、納豆独特の風味である粘質物生産は、大豆糖分の蔗糖や、水溶性窒素化合物中のアミノ酸含量との関係が深い。納豆菌は糖やアミノ酸から生活エネルギーを得て、菌体成分をつくり繁殖する。

納豆の粘質物はグルタミン酸のポリペプチドとフラクタンから構成され、また納豆の風味は、納豆菌の酵素によって生産されるアミノ酸や、糖およびアミノ酸からできる有機酸類やジアセチルのような芳香成分などによってつくりだされる。

納豆は一グラム当たり一〇億近い納豆菌が繁殖する。納豆の発酵初期には繁殖エネルギー源として糖が盛んに消費されるが、糖がなくなると、炭素源をアミノ酸に求めるようになるので脱アミノ反応がはじまり、アンモニアが発生する。冷蔵することにより防止できるが、原料大豆の炭水化物含有量が多く、また表面積の少ない大粒大豆を

表2—5　納豆用大豆の品質基準　（砂田ら，1977）

項　目	基　準	備　考
種皮色	黄	ただし，地域により消費者の好みに違いがある
臍色	黄〜褐	臍色が黒いとだめ
粒形	球	
粒大（直径）	小粒（6mm 程度）	2分2厘の篩
100粒重	15.0〜12.0g	
吸水率	130%以上	ダイズ100gに400mlの水を加え20℃15時間浸漬した後，吸水ダイズの重量を計り230g以上
溶出固形分	1.0%以内	浸漬終了液を蒸発乾固，古品や発芽力のないものは多い
煮豆の硬さ	250g以下	$1kg/cm^2$（120℃）30分，加圧蒸煮した煮豆を上皿自動秤の上で指で圧し，つぶれたときの目方の指示を読む，20粒以上の平均
水分	12.0〜10.0%	
脂肪	20.0%以下	
タンパク質	—	とくに規定しない
炭水化物	32.0%以上	
全糖	20.0%以上	2.5%HCl，2時間加水分解で生ずる還元糖
灰分	—	とくに規定しない

使った納豆ほどアンモニア臭の発生は遅れる。

なお参考に、納豆用大豆適性品改良研究会のまとめた納豆用大豆の品質基準は表2―5のとおりである。

(2) 原料大豆の品種と加工適性一覧

大豆品種の用途別分類（表2―6）ならびに地域別栽培品種および粒形一覧（表2―7）は納豆用国産大豆検索のため五種の文献（農林水産省　一九九九、平　一九九二、平　一九九五、食品産業センター　一九九九、農林水産省　一九九八）を参考にして作成した。

従来、納豆用大豆として奨励されているものはわずかな品種となるが、平（一九九二）によって、一九八六年一〜二月に行なわれた納豆製造業者を対象とする国産大豆使用状況のヒアリング調査にあげられた銘柄を加えた。また、煮豆、味噌用大豆を併記したのは、納豆原料と同様に遊離型全糖含量が高く、豆腐用として栽培されている品種よりも納豆用として使える可能性が高いため、この中から選択・試作の対象とされることを目的とした。今後、関係機関で育成された納豆用小粒大豆が奨励品種に入ると考えられるが、中粒、大粒とも特性を生かし、地域性を生かした納豆づくりが行なわれることを期待したい。

いずれも、各県農務部、担当機関に相談されたい。

表2−6　大豆品種の用途別分類

用途	納豆			煮豆			味噌		豆腐	
出典	平，1992	平，1995	振，1999	平，1992	平，1995	振，1999	平，1995	振，1999	平，1995	振，1999
黄	地塚 スズヒメ 秋田 タチナガハ トヨスズ スズユタカ ミヤギシロメ ライデン シロセンナリ つるの子 納豆小粒 大袖振 オクシロメ ナンブシロメ スズマル コスズ タマホマレ	スズヒメ 納豆小粒 スズマル コスズ エンレイ	納豆小粒 **◎スズマル** **◎鈴の音** **◎ハヤヒカリ** （北見白 キタムスメ） **○タチユタカ** **九農試129**	**タチナガハ** スズユタカ ミヤギシロメ タマホマレ エンレイ アキシロメ タチユタカ **トヨムスメ** トヨシロメ ユウヅル **オオツル**	トヨスズ ミヤギシロメ つるの子 タマホマレ **トヨムスメ** ユウヅル **オオツル** **トヨコマチ** 白鶴の子 ユウヒメ **ツルムスメ** フクナガハ 銀大豆 小倉大豆 ミスズダイズ	**◎タチナガハ** ミヤギシロメ （北見白 キタムスメ） **○ハヤヒカリ** **○エンレイ** **◎トヨムスメ** **◎オオツル** **◎トヨコマチ** **◎ツルムスメ** ミスズ（黒） **○さやなみ** **○タママサリ** **○アヤヒカリ** **○リュウホウ** **◎おおすず** **◎カリユタカ** ◎トヨホマレ ゆめゆたか	トヨスズ スズユタカ シロセンナリ タマホマレ エンレイ トヨムスメ トヨコマチ フクナガハ ミスズダイズ キタムスメ ツルコガネ ナカセンナリ フクユタカ	**◎タマホマレ** （北見白 キタムスメ） **○ハヤヒカリ** **○エンレイ** **○オオツル** **◎さやなみ** **◎タママサリ** **○アヤヒカリ** **○ギンレイ**	ライデン シロセンナリ オクシロメ ナンブシロメ エンレイ アキシロメ フクユタカ ミヤギオオジロ アヤヒカリ アキヨシ	**○タチナガハ** **◎スズユタカ** オクシロメ ナンブシロメ **○タマホマレ** **◎エンレイ** **◎アキシロメ** **◎タチユタカ** **○トヨムスメ** **○オオツル** **○トヨコマチ** ナカセンナリ **◎フクユタカ** **○さやなみ** **○タママサリ** **◎アヤヒカリ** **◎リュウホウ** スズカリ タンレイ **◎おおすず** **◎トモユタカ** **◎ほうえん** **◎すずこがね** **◎ギンレイ** **◎ニシムスメ** **◎むらゆたか** **○カリユタカ** **○トヨホマレ** ワセスズナリ ゆめゆたか
黒				中生光黒 雁食 丹波黒 新丹波黒	中生光黒 雁食 （丹波黒） 京都1号 トカチクロ	**◎いわいくろ** **◎ミスズ黒**				
青					大袖の舞 くらかけ	**◎大袖の舞**				

注　出典の「振，1999」は農林水産省農産園芸局畑作振興課，1999の略。太字は農林水産省国産大豆品種の事典より抜粋。◎は主用途

品種および粒形一覧（単位：mm）

煮豆			味噌	
極大粒	大粒	中粒	大粒	中粒
	7.9	7.3	7.9	7.3
いわいくろ	トヨムスメ		トヨムスメ	
ツルムスメ	ツルムスメ	ツルムスメ		ツルコガネ○
ユウヒメ	ユウヅル	カリユタカ		キタムスメ
	中生光黒	中生光黒		北見白
	トカチクロ	トカチクロ		
	トヨスズ○		トヨスズ○	
	大袖の舞			
	トヨホマレ			
		トヨコマチ		トヨコマチ
大袖振○	大袖振○	大袖振○		
				スズユタカ
	ミヤギシロメ	ミヤギシロメ		
秋試緑1号				
	タチユタカ	タチユタカ		
	タチナガハ	タチナガハ		

表2−7　地域別奨励品種，栽培

用　途	納　豆					
粒　形	極大粒	大　粒	中　粒	小　粒	極小粒	
サイズ	8.5	7.9	7.3	5.5	4.9	
北海道	つるの子 トヨスズ 大袖振○	つるの子 トヨスズ 大袖振○	つるの子○ トヨスズ○ 秋田○ ハヤヒカリ 北見白 キタムスメ 大袖振○	スズヒメ スズマル	スズヒメ スズマル	（ハヤヒカリ） （スズマル）
青　森			オクシロメ	オクシロメ		（鈴の音） （タチユタカ・ミヤギシロメ）
岩　手		ナンブシロメ	ナンブシロメ	コスズ※ 鈴の音 ナンブシロメ	コスズ※	
宮　城		スズユタカ ミヤギシロメ	スズユタカ ミヤギシロメ	スズユタカ ミヤギシロメ コスズ	コスズ	
秋　田		スズユタカ タチユタカ ライデン	スズユタカ タチユタカ ライデン	スズユタカ コスズ タチユタカ ライデン	コスズ	
山　形		スズユタカ タチユタカ	スズユタカ タチユタカ	スズユタカ コスズ タチユタカ	コスズ	
福　島		スズユタカ タチナガハ	スズユタカ タチナガハ	スズユタカ コスズ	コスズ	

煮豆			味噌	
極大粒	大粒	中粒	大粒	中粒
	エンレイ タチナガハ	エンレイ タチナガハ	エンレイ	エンレイ
	タチナガハ	タチナガハ		
オオツル ミスズ黒	エンレイ オオツル タチナガハ	エンレイ オオツル タチナガハ	エンレイ オオツル	エンレイ オオツル
	エンレイ タチナガハ	エンレイ タチナガハ	エンレイ タチナガハ	エンレイ タチナガハ
	タマホマレ タチナガハ	タマホマレ タチナガハ	タマホマレ	タマホマレ
			タマホマレ	タマホマレ
オオツル	オオツル	オオツル		
			ナカセンナリ	ナカセンナリ
	エンレイ	エンレイ	エンレイ	エンレイ
	エンレイ※	エンレイ※	エンレイ※	エンレイ※
小倉大豆※			ナカセンナリ※	ナカセンナリ※
	タチナガハ	タチナガハ		
			ギンレイ	ギンレイ
			フクユタカ	フクユタカ
	エンレイ スズユタカ	エンレイ スズユタカ	エンレイ スズユタカ	エンレイ スズユタカ
	エンレイ	エンレイ	エンレイ	エンレイ
	エンレイ	エンレイ	エンレイ	エンレイ
	エンレイ タチナガハ	エンレイ タチナガハ	エンレイ	エンレイ

用途	納豆						
粒形	極大粒	大粒	中粒	小粒	極小粒		
茨城		エンレイ※ タチナガハ	エンレイ※ タチナガハ	納豆小粒	納豆小粒	↑ タマホマレ・さやなみ ↓	↑ 納豆小粒 ↓
栃木		タチナガハ	タチナガハ				
群馬		エンレイ	エンレイ				
埼玉		タチナガハ エンレイ	タチナガハ エンレイ				
千葉		タチナガハ タマホマレ タチナガハ	タチナガハ タマホマレ タチナガハ				
東京		—					
神奈川		—					
山梨		タマホマレ	タマホマレ				
長野		エンレイ エンレイ※	エンレイ エンレイ※				
静岡		タチナガハ	タチナガハ				
新潟		エンレイ スズユタカ	エンレイ スズユタカ	コスズ※	コスズ※	↑ タマホマレ・さやなみ ↓	↑ タママサリ ↓
富山		エンレイ	エンレイ				
石川		エンレイ	エンレイ				
福井		エンレイ タチナガハ	エンレイ タチナガハ				

煮豆			味噌	
極大粒	大粒	中粒	大粒	中粒
	アキシロメ	アキシロメ	フクユタカ	フクユタカ
	タマホマレ	タマホマレ	タマホマレ	タマホマレ
	アキシロメ	アキシロメ		
			フクユタカ	フクユタカ
	タマホマレ	タマホマレ	タマホマレ	タマホマレ
			フクユタカ	フクユタカ
オオツル※	オオツル※	オオツル※	オオツル※	オオツル※
	エンレイ	エンレイ	エンレイ	エンレイ
	タマホマレ	タマホマレ	タマホマレ	タマホマレ
オオツル	オオツル	オオツル		
	エンレイ	エンレイ	エンレイ	エンレイ
	タマホマレ	タマホマレ	タマホマレ	タマホマレ
オオツル	オオツル	オオツル		
丹波黒				
	タマホマレ	タマホマレ	タマホマレ	タマホマレ
	タマホマレ	タマホマレ	タマホマレ	タマホマレ
オオツル	オオツル	オオツル		
	タマホマレ	タマホマレ	タマホマレ	タマホマレ
	タマホマレ	タマホマレ	タマホマレ	タマホマレ
	タマホマレ	タマホマレ	タマホマレ	タマホマレ
	エンレイ	エンレイ	エンレイ	エンレイ
	エンレイ	エンレイ	エンレイ	エンレイ
	タマホマレ	タマホマレ	タマホマレ	タマホマレ
	さやなみ	さやなみ	さやなみ	さやなみ
	タマホマレ	タマホマレ	タマホマレ	タマホマレ
		銀大豆		
	トヨシロメ			
	タチナガハ	タチナガハ	タチナガハ	タチナガハ
	アキシロメ	アキシロメ		

用途	納豆					
粒形	極大粒	大粒	中粒	小粒	極小粒	
岐阜						タマホマレ―さやなみ タママサリ
愛知		タマホマレ	タマホマレ			
三重		タマホマレ	タマホマレ			
滋賀		エンレイ タマホマレ	エンレイ タマホマレ			
京都		エンレイ タマホマレ	エンレイ タマホマレ			
大阪		タマホマレ	タマホマレ			
兵庫		タマホマレ	タマホマレ			
奈良		タマホマレ	タマホマレ			
和歌山		タマホマレ	タマホマレ			
鳥取		タマホマレ エンレイ	タマホマレ エンレイ			タマホマレ・さやなみ タママサリ 九州農試一二九号
島根		エンレイ タマホマレ	エンレイ タマホマレ			
岡山		タマホマレ	タマホマレ			
広島		タチナガハ	タチナガハ			

煮豆			味噌	
極大粒	大粒	中粒	大粒	中粒
			フクユタカ	フクユタカ
	アキシロメ	アキシロメ		
	タマホマレ	タマホマレ	タマホマレ	タマホマレ
丹波黒			フクユタカ	フクユタカ
			フクユタカ	フクユタカ
			フクユタカ	フクユタカ
			フクユタカ	フクユタカ
			フクユタカ	フクユタカ
			フクユタカ	フクユタカ
	アキシロメ トヨシロメ	アキシロメ トヨシロメ		
			フクユタカ	フクユタカ
			フクユタカ	フクユタカ

用途	納豆					
粒形	極大粒	大粒	中粒	小粒	極小粒	
山口						タマホマレ・さやなみ タママサリ 九州農試一二九号
徳島						
香川						
愛媛		タマホマレ	タマホマレ			
高知						
福岡						むらゆたか 九州農試一二九号
佐賀						
長崎						
熊本						
大分						
宮崎						
鹿児島						

注　無印：奨励品種，※：準奨励品種，○奨励外

太字は大豆に関する資料（農林水産省，1999）より

第3章

品質のよい納豆を安定して生産する

1 糸引納豆の生産工程

納豆をもっとも簡潔に表現すれば、大豆の煮豆に納豆菌を繁殖させ、その生育により生産される酵素によって大豆成分が分解され、独自の芳香と旨味が生成された食品ということができる。

一般の方々がわらづとによる納豆づくりを見ると興味深くもあり、またその製造も簡単なように思われがちだが、製造業者が毎日同一品質の製品を生産することはたいへん難しいことなのである。

納豆の発酵の特徴は、チーズやヨーグルト、漬物などと同様に、原料そのものが微生物の繁殖、発酵をうけて最終製品となる点にある。しかも、納豆菌の繁殖力は旺盛で、わずか一五～一六時間内に品質が決定してしまう短期熟成型の発酵食品なのである。したがって蒸煮大豆に接種した納豆菌の繁殖と酵素作用を一定時間内に十分に行なわせるようにコントロールすることが、納豆づくりの要諦である。

また、納豆生産には、75ページ表3―3の納豆生産管理表にあげた諸要素の一つ一つが品質に影響するので、十分な注意を払うことが必要である。

ここでは、図3―1の納豆生産フローチャートと図3―2の納豆生産フローシートに従って、工程を説明する。

(1) 原料処理
異物を除き、粒形を揃える

各地で生産された原料大豆は、集荷後等級検査を受け、合格して納豆に使用されることが決定されたもののみ、夾雑物の除去や粒形を揃えるための精選処理を行ない、三〇キロの紙袋に詰め、室温一五℃湿度六〇％の低温倉庫で貯蔵する。米の低温倉庫を利用するとよい。低温で貯蔵しないと、大豆はすぐ変質し、劣化してしまう。この低温倉庫から、約一週間分の原料が納豆工場に供給される。

JAや集荷機関では原料処理工場をもち、粗選機、石抜機、研磨機、粒形選別機、色彩選別機、金属検知機などの処理機械を設備、精選処理をして貯蔵している。また大型工場では各工場

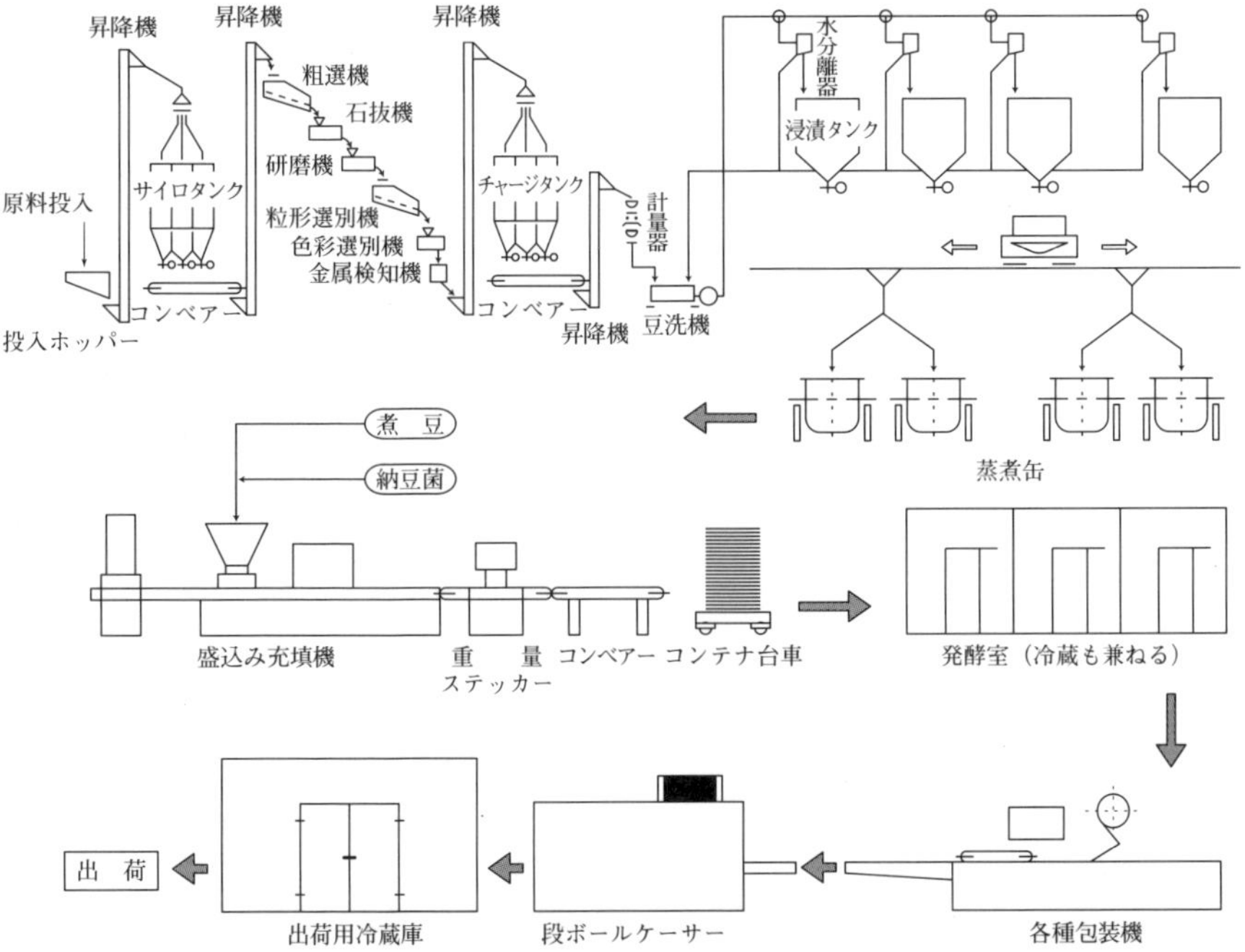

図3—1　納豆生産フローチャート

ごとに原料処理場を持ち、再度、精選処理をしている。処理量の少ない間は、唐箕、選穀機などを大豆の粒形にあわせ改良して使えばよい。そして将来は郡、県単位の処理場を設け、処理をするとよい。

(2) 豆洗い・浸漬

できるだけ低温で

精選された大豆を豆洗機で洗浄し、種皮に付着している土砂、塵埃、有機物などを除去する。

浸漬の目的は、原料大豆の子実に水を吸収させ、組織を軟化させ、蒸煮を容易にし、大豆成分が納豆菌に利用されやすい状態にすることである。適度な浸漬は、大豆の重量比で二・三〜二・四倍くらいになった時点で、大豆種子をカッターで切断すると子実と子

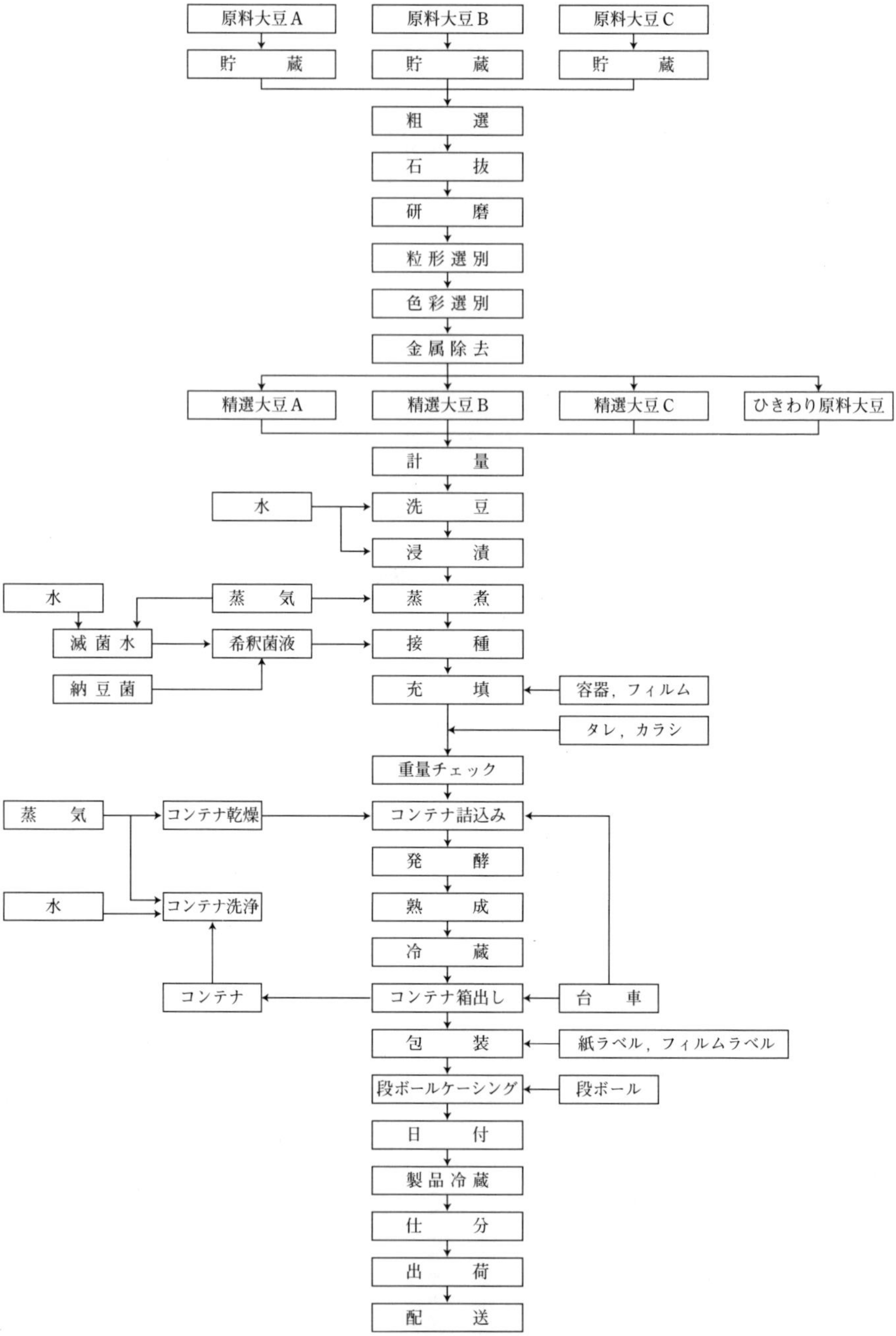

図3－2　納豆生産フローシート

実が膨潤してちょうど空隙のなくなったくらいのときである。

浸漬時間は大豆の品種や粒形によって異なるが、もっとも影響があるのは水温である。水温一〇℃を保って浸漬した場合、二三〜二四時間、一五℃では一七〜一八時間、二〇℃では一三〜一四時間、二五℃以上では七〜八時間くらいである。外気温の高い夏場は浸漬過度となるので注意を要する。

浸漬水の温度が高くなると、雑菌が繁殖し一グラム当たり10^4ともなる。次の工程の蒸煮で雑菌はほとんど死滅するが、雑菌の残した代謝物質が納豆菌の発育に影響を及ぼし、極端な場合、納豆菌の繁殖が阻害され素豆（元の煮豆の状態のままであること）の状態となる。したがってできるだけ低温、雑菌の繁殖を抑制するため理想的には一〇℃以下で浸漬したほうがよい。少量生産の場合、冷蔵庫で五℃くらいの温度を保持すると、約二四時間後に浸漬適度となり蒸煮できるので工程的にも合致する。

大豆の粒度や組織の状態、吸水性の良いもの悪いもので浸漬時間は変わる。浸漬時間の決定には一〇〇グラム程度の原料を小袋に入れて水に漬け、水を切って秤量し、重量で二・三〜二・四倍となる時間をさがすようにする。

極端な浸漬不足は、豆が軟らかく蒸煮できなかったり、納豆菌に十分な栄養供給ができず、良い納豆にならない。

図3―3　粗選機
上からころがり落として粒形選別

図3―4　豆洗機での洗浄

(3) 蒸煮

大豆の品種や粒形で圧力と時間を変える

浸漬後の大豆は、納豆菌の繁殖と人の食感にとって適当な軟らかさにするために、高圧で蒸煮する。昔この工程は鍋や釜などで水煮をするか、またはせいろで蒸していたが、軟らかくなるまでに四～七時間もかかり、また大量処理ができないことなど時間的にも経済的にも無駄が多かった。高圧蒸煮缶が出現した大正時代からは直火式高圧蒸煮法に変わり、現在では経済的なボイラーの蒸気による高圧蒸煮が行なわれている。

蒸煮によって大豆表面の土壌微生物は殺菌され、大豆の組織は軟化し、子実の可溶成分を種皮表面に浸出させることができる。このため接種した納豆菌は栄養を摂取しやすくなり、また納豆菌の菌体外酵素が浸透し大豆成分の分解を容易にする。

現在行なわれている加圧蒸煮法は、ほとんど回転式加圧蒸煮缶が使われている。二俵用回転式蒸煮缶一基に要する蒸気量は毎時一五〇キロであり、ガスまたは重油炊きボイラーが使われる。この使用方法は次のとおりである。

図3―5　浸漬

水温がいちばん影響する。大豆重量比で2.3～2.4倍くらいがめど

図3―6　回転式加圧蒸煮缶

粒形，品種により蒸気圧と蒸煮時間が変わる

①まずボイラーの圧力を五キロくらいまで上げる。
②蒸煮缶に二俵分の浸漬大豆を入れ、上ぶたをボルトで密封する。排水バルブおよび排気バルブは開いておく。
③ボイラーからの蒸気配管中のドレインを抜いた後、蒸煮缶に蒸気を導入する（蒸気吹込み）。
④蒸煮缶の排水管を開いておくと、最初、冷えている缶体によって蒸気が結露して出る凝縮水と大豆の煮汁が排出され、これが終わると蒸気のみが吹き出してくる。排水バルブを閉め、排気バルブから蒸気が吹き出したところで、排気バルブを閉める（加圧開始）。
⑤排気バルブを閉めてから一〇～二〇分経過すると蒸気圧が一・五～二キロに達するので、三〇～四〇分保ち、蒸気バルブを閉じ、一〇～一五分留釜して蒸煮を終了する（達圧、圧力保持）。
⑥蒸煮がすんだら配水管および排気管のバルブを徐々に開き、蒸気を放出して、缶内外の圧力を等しくし、ふたを開ける（脱圧）。

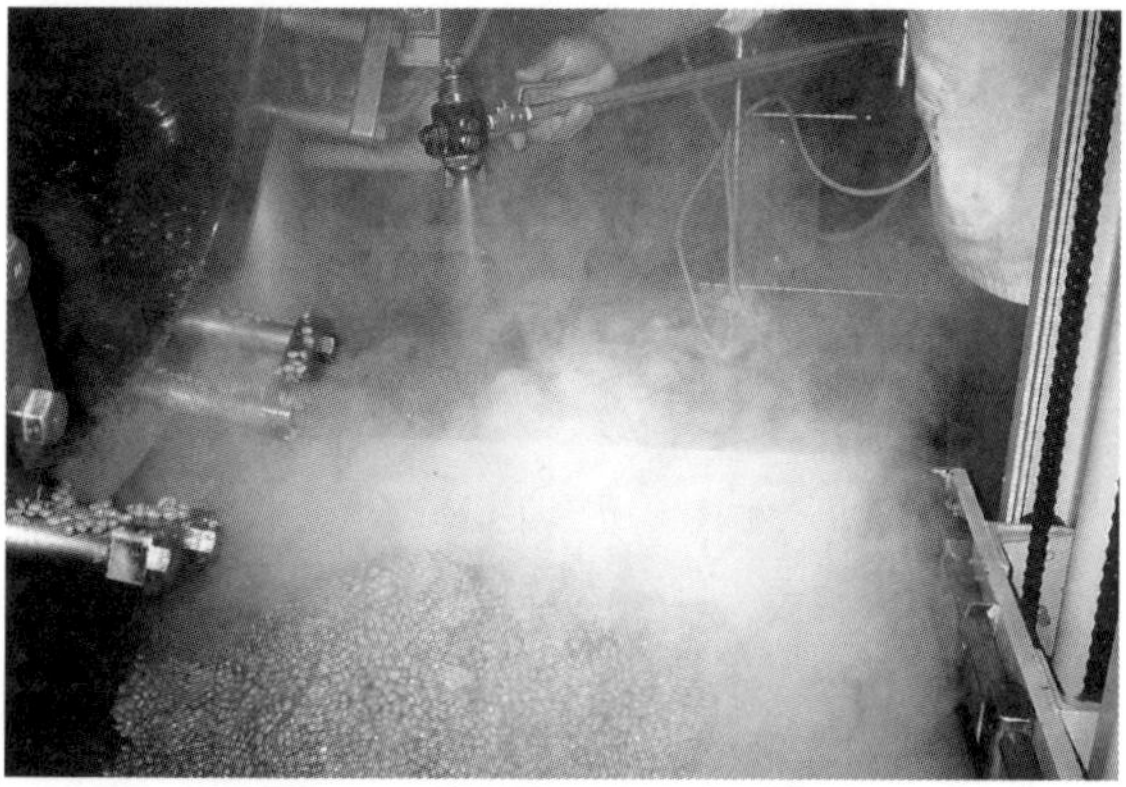
図3ー7　納豆菌の接種（噴霧式）

蒸煮は、大豆の粒形や品種により蒸気圧と蒸煮時間を変えなければならない。この蒸煮パターンを決定するには、経済的な数字の掌握と初回二～三回の試行錯誤が必要である。従来は、この蒸煮作業に経験豊富な人材の配置を必要としたが、現在では「自動蒸煮装置」の開発によって、経験のあまりない人でも的確にこの作業を果たせるようになっている。

(4)　納豆菌接種
大豆の品温は九〇～七〇℃がベスト

蒸煮大豆に納豆菌胞子を均一に付着させる作業を接種という。

納豆菌は三社で製造されているが、代表的な宮城野菌は二五〇ccのガラスびん入りの液体である。大豆一俵当たりで五ccを使うようになっているから、一びんで五〇俵分の大豆を処理することができる。

液体の中味は納豆菌胞子の懸垂液で、一ccの中に納豆菌胞子が約一億〜二億いる。一億としても蒸煮大豆一グラム当たり四〇〇〇、一粒当たり一三〇〇以上付着することになる。

一俵当たり五ccの原菌を均一に散布するのには、滅菌水で増量しなければならない。これには、やかんで沸騰させた飲料水を約五〇℃くらいに冷却し、噴霧方式の場合は二俵で一リットルくらい、またジョウロで散布する場合は約二・五リットルくらいの滅菌水に溶かし希釈菌液とする。

蒸煮大豆を機械充填する場合には蒸煮缶から移動用ホッパーに蒸煮大豆をあけるときに、手盛り充填の場合には蒸煮缶から樹脂製のタライにあけたあと、準備した希釈菌液を均一に接種し作業を終了する。この場合、準備した希釈菌液は完全に使いきることが大切である。初発の菌量となるので、毎回一定であることが同じ発酵パターンを維持できることになる。

接種時の蒸煮大豆の品温は九〇〜七〇℃くらいがよく、あまり降下すると雑菌汚染を受けやすくなる。

(5) 盛込み充填工程

機械充填と手盛り

納豆生産について未知の方々は、納豆は完成品を容器に詰め販売しているものと思われているが、実際は蒸煮大豆に納豆菌を接種して容器に詰めたものを、発酵室で納豆に変化させるのである。このようにして出来上がりは一粒一粒に納豆菌が繁殖しており、まさに芸術品となっている。

盛込み充填工程で使用する容器はあらかじめ商品計画により決定されるが、現在の製品のほとんどがトレー（PSP角容器五〇〜四〇グラム）またはカップ（紙製丸カップ容器四〇〜三〇グラム）となっている。機械充填の場合には、この角容器あるいは丸カップへの充填を、一台の機械の部品交換（容器供給機および充填機のフィダーや、搬送レール）でできる万能型自動充填機がある。

少量生産においては人が柄付定量カップで容器に盛り込んでもよい。充填機のできる二五年くらい前までは、ほとんど人による手盛り作業が行なわれていた。しかし、発酵室に全量を引き込み、発酵をスタートさせるまでに時間がかかるので製品のバラツキは避けられない。

盛込み作業の要領は、納豆菌が好気性菌であることを考慮し、納豆菌の繁殖を旺盛にし、また水分の発散を良くするためにも、煮豆をあまり強く抑え込まず、ゆるやかに充填し、粒間に適当な間隙をもたせることが順調な発酵促進に役立つ。

　商品形態の決定は、販売対象地域での消費動向によって決まるが、最近の傾向では売れ筋商品が少容量のカップ入りから経済的なトレーに移行し、しかも二段重ねから三段重ねに、また経済性、ボリューム感を訴求した四段重ねのパックも出現するなど変化も出始めている。

　PSP角容器はPSP自体に断熱効果があるため次の発酵工程でも安定した発酵が行なわれ、商品の出来上がりも良く、冷蔵熟成後の流通段階でも品質の保持に役立つ。また角容器は包装工程において二段、あるいは三段、四段の段積み包装機があれば商品となる

図3−8　カップ充填ライン　手前の白い筒状のものがカップ

図3−9　カップ充填ライン

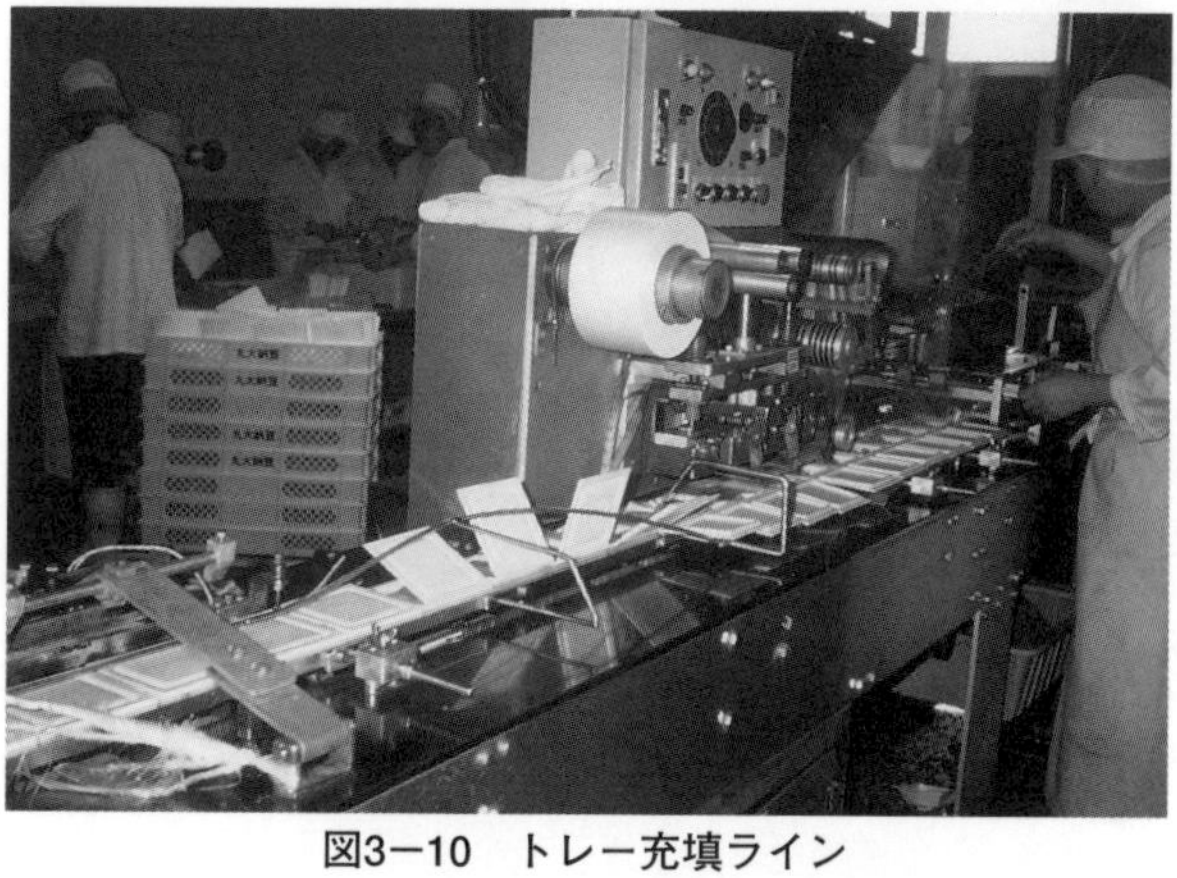
図3−10　トレー充填ライン

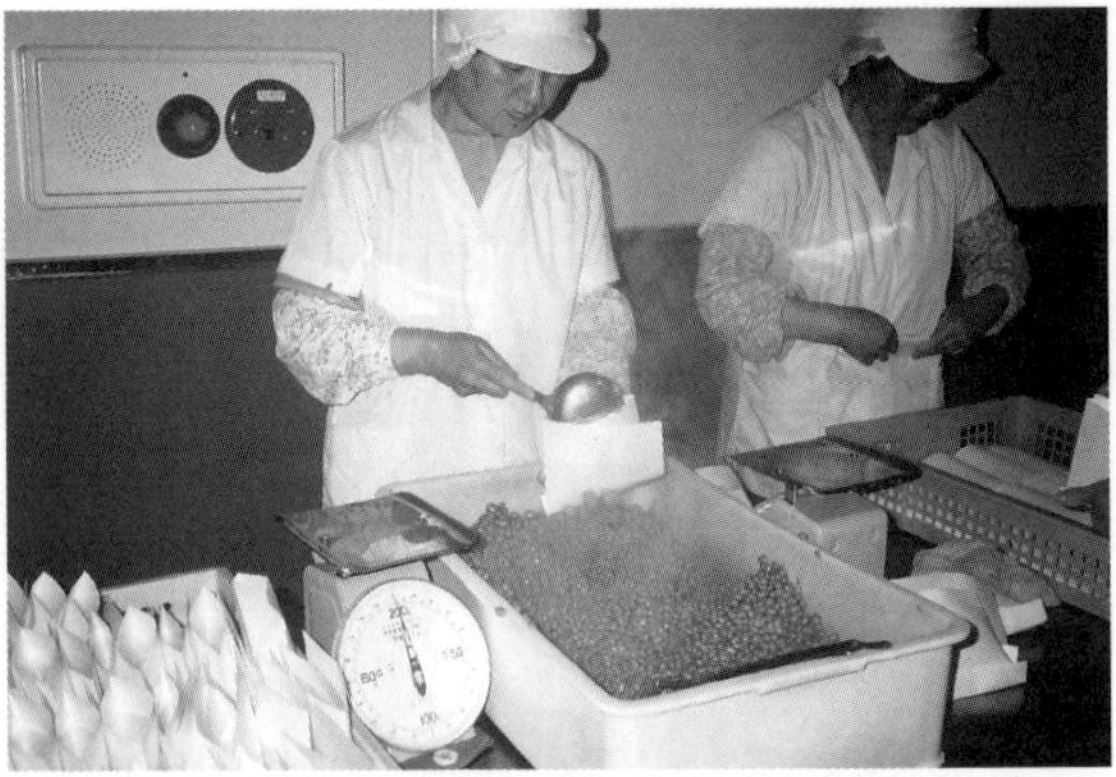

図3—11　柄付定量カップによる手作業の盛込み

が、カップ容器はトップシール機、台紙供給機、シュリンク包装機などが必要となり資金面での負担も大きくなる。

従来の納豆包装容器の特性は表3—1に示したとおりである。手詰めで行なうならば選択は自由であるが、発酵工程中に必要な機能の欄にみられるとおり、各容器の保温、保水、通気などの性格を異にする。したがって、一つの発酵室内に多種類の容器を入れることは避けなければならず、一発酵室一種類としなければ良い納豆は得られない。

(6) 引込み

原則はコンテナ一段積

盛込み充填した容器を発酵室に入れることを引込みという。

発酵室での温湿度分布の平均化を考慮して、コンテナは通風性の良いものを選ぶ。

コンテナに容器を並べる場合、原則的には一段積であるが、数を多く入れる場合は、下の容器の上に、直接重ねないように千鳥状に並べ、発酵熱がこ

表3—1　納豆容器の特性

容器の名称	使用材料	充填機への適性と衛生			発酵工程中に必要な機能			冷蔵・流通保存			その他	
		機械適性	堅ろう	衛生	保温	保水	通気	保温	保水	堅ろう	食器化	焼却
P S P	ポリステレン	◎	◎	◎	◎	◎	△	◎	◎	○	○	×
紙カップ	紙	◎	◎	◎	×	○	○	×	○	○	◎	◎
プラスカップ	ハイゼックス	◎	◎	◎	◎	◎	×	◎	◎	○	○	×
塩ビカップ	塩ビ	◎	◎	◎	○	◎	×	△	◎	◎	◎	×
ポリ袋	ポリエチレン＋経木	○	△	○	×	○	×	×	○	△	×	×
テラップス	パラフィンコーティングした経木	○	△	◎	×	○	×	×	○	△	×	×
経　木	木	×	×	○	×	○	○	×	○	△	×	◎
すだれ	稲わら	×	×	×	○	○	◎	○	○	△	×	◎
つ　と	稲わら	×	×	×	○	○	◎	○	○	△	×	◎

注　◎良い，○普通，△あまり良くない，×悪い

もらないようにする。

コンテナの積上げも適当な高さとし、発酵室に入れた場合、壁との間は、必ず一〇センチくらいは余裕のある間隔をとり、風の循環を妨げ室内温度が不均一になることを防ぐ。

引込みは、同一種類の容器、同一原料、同一盛込み量のものを、いつも一定数量引込むようにすることが最良の結果を生む。

(7) 発酵工程
ポイントは温度、湿度管理

納豆の製造工程中、発酵工程はもっとも重要である。既述のとおり納豆の発酵は短期熟成型で、極端にいえばわずか一五～一六時間でその品質が決定してしまう。そのポイントは、工程の前半では蒸煮大豆の表面に納豆菌を十分に繁殖させること、また後半では納豆菌の酵素作用を十分に発揮させ、納豆特有の芳香とおいしさを形成させることにある。このため、発酵工程の管理には納豆菌の特性と発酵室の機能を十分に熟知し、よい納豆に仕上げるよう操作を行なわなければならない。

現在の発酵室は、基本的な機能として複数の温度センサーと湿度センサーを備え発酵室内の温度・湿度と納豆の品温を測定し、これによる制御を行なうため給温、冷却、加湿、除湿、給気、排気などの機能を備えている。目標とする良い納豆づくりが行なわれるよう、自動制御盤によって全発酵工程のパターンを設定することができる。そしてその記録作成までが自動的に行なわれ、品質管理に役立たせることができるようになっている。

発酵工程においてまず必要なことは

図3―12 発酵室
左側に見える自動制御盤で発酵工程を管理している。打出される記録紙は大切なデータ

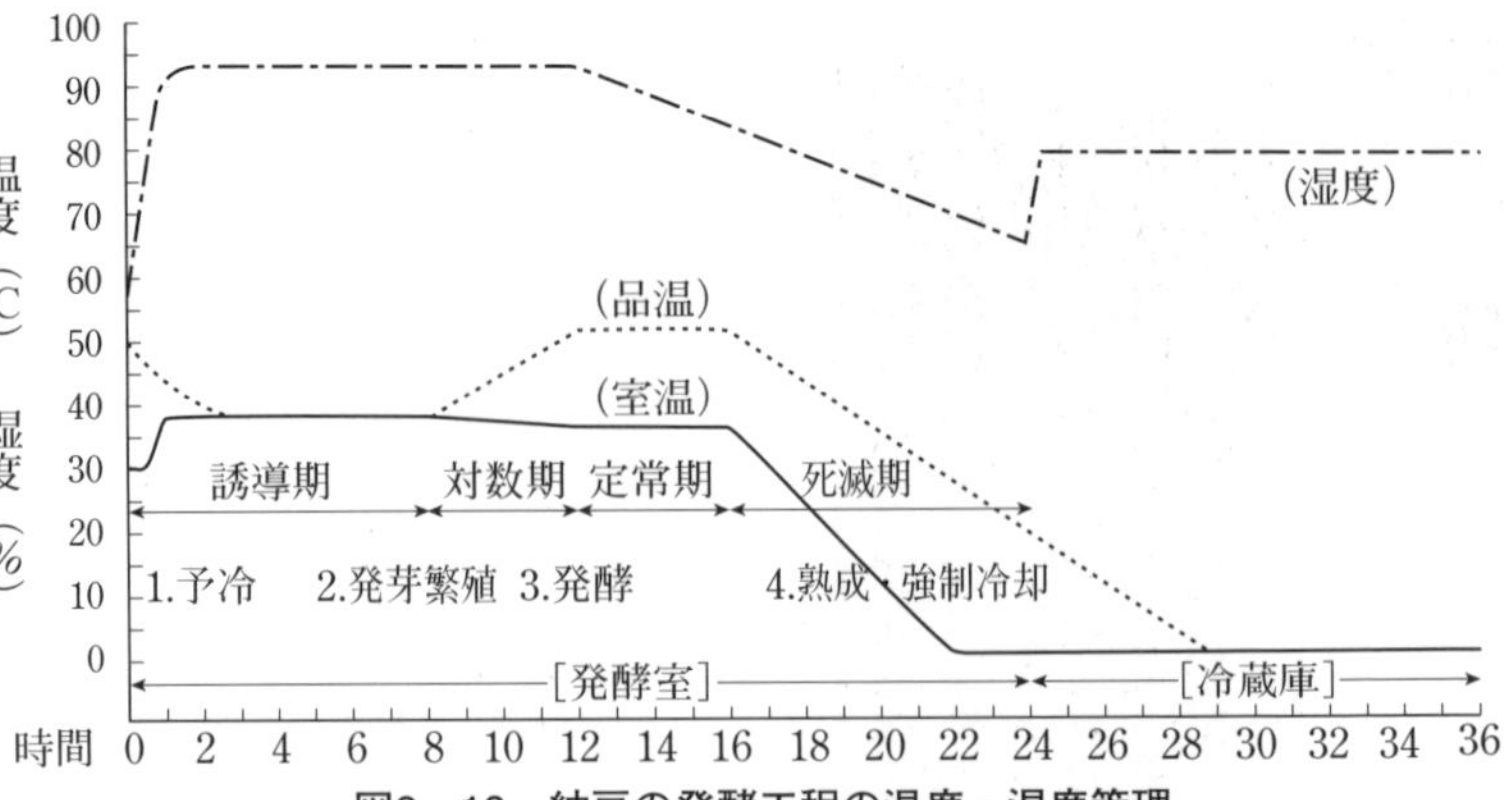

図3―13　納豆の発酵工程の温度・湿度管理

自動制御装置のプログラム設定である。これは先に示した発酵の前期・中期・後期の全工程を理想的に推移させるために必要な段階的制御パターンの決定である。

発酵工程の温度・湿度管理を図3―13に示した。この温度・湿度制御のパターンは原料大豆や包装材料などによって変化するので、製造品目ごとに最良のパターンを設定しなければならない。

これには一つずつ経験の積上げを必要とし、毎日行なわれる設定とその製造後のデータと製品の品質検査によって一歩ずつ最上のパターンに近づけなければならず、発酵技術者の腕のみせどころとなるのである。

便宜上、納豆発酵装置の自動制御盤には、前述の誘導期を①誘導②発芽繁殖、対数期・定常期を③発酵、死滅期を④熟成・強制冷却に表示してあるので、これによって説明する。

①予冷（誘導期）

発酵室の大きさや引込み量の多寡により異なるが、夏季、外気が高温のため適温降下に時間を要するようなとき、予備的な冷却を、たとえば室温三〇℃で一時間というように行なう場合がある。時間終了時に発芽繁殖の温度に近づけばよい。納豆菌は栄養吸収に水の介在が必要なので、密閉度の低い容器、たとえば経木などは誘導期に加湿をする必要がある。

②発芽繁殖（誘導期）

誘導期の発芽、繁殖は納豆菌のもっとも好む温度帯の三七～四〇℃に設定する。

この期間の品温は非常に穏やかに推移する。

③発酵

対数期　納豆菌の繁殖が進み対数期に入ると発酵熱が大量に発生する。

平均的には約八時間あたりから旺盛に発熱し、品温が上昇し一二時間頃に品温は五〇℃を突破するようになる。

表面積の多い、ひきわり、極小粒など繁殖条件が良いものほど早く品温の立上がりをみせる。

この期間、酸素消費量が多いため、給排気装置を使って酸素供給と発酵代謝ガスや湿度（水分）の排出を少しずつ行なう。

定常期　丸大豆の場合、粘質物の生成は五〇〜五二℃、四〜五時間を保持することで達成される。

品温がこの温度に保持されるよう室温を調整する。

密閉度の高い容器の場合、発酵熱がこもり品温が上昇するので室温を下げ、開放性のものは放熱するので逆に上げなければならない。

④熟成・強制冷却（死滅期）

定常期を過ぎた頃からは急速に室温を下げ、できるだけ早く納豆菌の繁殖温度帯を突破するよう品温を下降させ、二次繁殖による脱アミノ反応を防止しながら熟成を続ける。

納豆菌を接種してから一八〜二〇時間経過後、発酵室から全製品を室外に出して放冷し、ガス抜きを行なう場合もある。容器内の代謝ガスを外気と置き換え、冷却、除湿を行なうことを目的としている。室温まで降下した時点で一次冷蔵庫に入れる。

なお、容器によって、発酵工程の温度・湿度管理などが異なってくる。紙カップ、ポリ袋、経木など保温性のない容器では、発酵熱が容器外にもれ室内に発散してしまうので、対数期における品温上昇が少ない。このため酵素の活性化がはかれず粘質物生成が行なわれないので、室温を上昇させて補ない品温を高め、理想的発酵パターンを辿らせるようにする。

保水性のない容器では湿度維持のための加湿が必要となる。

通気性のないものについては、あらかじめ針穴をあけることなどが行なわれている。

(8) 冷蔵熟成
必ず五℃以下の低温で

熟成は、通常五℃以下の低温で行ない、翌日の二次包装や仕分け作業中にも品温が上昇しないように注意する。その後の流通過程でも熟成は継続されるが、絶対に納豆菌の再繁殖が起こらないよう、温度コントロールに注意を

表3―2　納豆の生産・出荷に要する日数

第1日	第2日	第3日	第4日	第5日
原料 大豆 水洗 ↓ 浸漬	蒸煮 ↓ 接種 ↓ 充填 ↓ 発酵→	出納豆 ↓ 一次 冷蔵→	一次 冷蔵 （0時） ↓ ここで製品になる⇨ 包装 ↓ 二次 冷蔵→ ↓ （6時） 流通センターへ〜 出荷 ↓ 店頭	二次 冷蔵 ↓ 出荷 ↓ 店頭
			D_0	D_1

払うことが肝要である。

(9)　二次包装と出荷
配送は冷蔵車を利用

一次冷蔵庫内で冷却し熟成を続けた製品は、コンテナから取り出され、いろいろな形態の二次包装が行なわれ、商品化される。包装形態は、主として、PSP容器では二〜三段重ねであり、カップ容器では三個入りのシュリンク包装が主流である。

包装された製品は、段ボール箱に詰められ二次冷蔵庫中に貯蔵される。ここで十分に冷却された商品は、冷蔵車によって客先に配送される。

納豆は日販食品と呼ばれ、毎日生産して出荷され、販売することを建前としている。

これは、納豆が生菌で覆われ、流通の途上でも品温が上昇すれば、納豆菌が再び繁殖をはじめるために、アンモニアが発生し、生鮮度が保てないためである。業界ではD_0（ディゼロ）と呼ばれ、生産したてのものを当日流通させ、消費者の手に渡すことが条件であった。

しかし、現在は生産、流通、販売の過程ならびに家庭においても冷蔵設備が普及浸透したため、納豆の品温を五℃以下に抑えることができ、長い日数に耐えられるようになった。このためメーカーがそれぞれ自主的に賞味期限（品質保持期限）と保存方法を表示することで、各自の責任において自由な出荷ができるようになっている。

なお、大豆の浸漬から出荷されて店頭に並ぶまでに要する日数を表3―2に示したので、参考にしてほしい。

(10) 製品の冷蔵と輸送上の注意点

納豆は生鮮食品に位置付けされている。

戦後、冷凍機が普及するまでは、納豆は生産された日に売り尽さなければならない季節商品であった。しかし現在では、納豆メーカーの工場では、納豆生産上の温度コントロールや出荷体制にある商品の冷蔵を徹底し、また流通輸送には冷蔵車や冷凍車を使い、万全の体制が敷かれている。

販売面でもスーパーストアには冷蔵ショーケースなどが置かれ、品温上昇が防止できるよう配慮されているし、消費者の家庭では電気冷蔵庫が設備されており、納豆にとっては、低温で酵素反応が行なわれ、熟成され、ますますおいしくなるという申し分のない環境が整備されている。

食品衛生法からは、製品の保管、流通について、次のような注意が促されている。

製造上の保管施設・設備 製品を保管する冷蔵庫は、二〜一〇℃の温度を保つ性能を有し、かつ、製品を保管するのに適当な広さを有すること。

製品の保管場所は、常に清潔が保持できるよう清掃しやすい構造であること。製品を区分けできる仕切りなどが施されていること。また外部から室温を測定できる温度計が設置されていること。

流通（運搬）施設・設備 製品を運搬するための冷蔵車または保冷車を置くこと。ただし、これができない場合は、次の条件を満たすこと。

普通のライトバンの場合は、断熱材で庫内温度の上昇をできるだけ防止するような保冷のできる専用箱を備えていること。やむを得ず、オートバイ、自転車で運搬する場合は、保冷のできる専用の運搬箱を備えていること。

さらに食品衛生法では、納豆の製造・流通および販売に従事する者の健康管理にも注意を促している。すなわち、製造、流通、販売従業者の、健康管理および作業服の清潔保持、手指の清潔保持、保菌者の検索の必要があることを説き、安全でおいしい納豆の供給に万全の体制を敷くよう促している。

2 素材の違いと加工方法
——ひきわり納豆の場合

納豆原料大豆には、品種のもつ特性や粒形に違いがあるため、それぞれの納豆づくりは浸漬、蒸煮、発酵の処理工程において、微妙な相違が生じる。このため製造担当者は日頃より観察力を養い、微妙な変化に注意を払い、各工程を適切に処理し、良い納豆づくりを行なわなければならない。

図3—14　ひきわり納豆
浸漬，蒸煮，発酵の処理工程が変わってくる

ここでは、とくに原料形態と処理方法の異なるひきわり納豆について言及することにする。

(1) はじめに大豆を割る

ひきわり原料を得る大豆の処理には以下に述べるような二方法が採られている。

ひとつは、本格的な大量処理方式である。まず原料大豆を加熱しながら水分を蒸発させ、冷却後、硬化した大豆をローラーで圧迫し、子葉部を大豆の中心からパチンと八つ割り程度に割り、風選機で種皮を飛ばし、篩《ふるい》で微塵を除去したものをひきわり原料とする方法である。この場合、原料大豆は乾燥冷却して硬くなっているため、割れ口が鋭角できれいに割れるが、大豆は熱変性を受けており、納豆づくりにはあまり良い影響をもたらさない。

もうひとつは小規模生産で行なわれている方式で、加熱を行なわず、生のまま直接研磨機にかけ八つ割り程度に割り、風選で種皮を飛ばし篩にかけて微塵を除去する方法である。この場合、大豆は割れ口が食パンをちぎったように割れ、見た目にあまりよくないが、熱変性がないので納豆づくりのためには良い結果をもたらす。

いずれの方法もその後浸漬、蒸煮、発酵工程へと移されるが、種皮でくるまれ子葉も硬質で覆われている丸大豆と異なり、ひきわり原料は、子葉が砕かれ、割れ口の細胞が露出しているため、いろいろと問題が残る。

(2) 浸漬は食塩水に短時間

まず、浸漬工程では、どちらの原料も浸漬と同時に納豆生産にとっては大切な、糖やタンパク質の溶出がある。この溶出を少しでも防止するため、浸漬水に食塩を〇・三%ほど入れ、浸透圧をもたせる方法をとっている。ひきわり大豆の場合、浸漬時間は短く二〜三時間で、浸漬終了後はザルで十分水を切る。

(3) 蒸煮は低圧で

また、次の蒸煮工程では、丸大豆のように十分な蒸煮が行なえない。次の充填工程で、充填機にかけた際、だんごのように固まってしまうのを避けるため、蒸煮の圧力を低くし、また短時間で終了させるからである。このため、ひきわり納豆は十分な殺菌ができず、大豆に付着している土壌微生物を残すことになる。

(4) 発酵パターンの違いに注意

次に納豆菌を接種し充填を終え、発酵工程に入るが、ここでは、丸大豆と比較して発酵パターンに極端な差が生まれる。

発酵熱の発生量は、原料の化学成分や粒度によって変わるが、粒形の小さいひきわり大豆は、単位重量に対する表面積が大きいうえに、種皮が外され、納豆菌の栄養吸収条件も良いことから、納豆菌の繁殖が旺盛で対数期になるのが早く、発酵熱も大量に発生する。このためひきわり納豆の発酵は特別な発酵パターンが生まれる。これらを総合して適切な対策をとらなければ良いひきわり納豆にはならないのである。

また、ふた付き容器とカップなどの開放容器でも発酵条件は異なる。容器内の発酵熱と水分の処理について、密閉容器では容器内にこもり、開放容器では室内に発散するなど種々条件が変わり、繊細なコントロールを要するものである。

このように納豆づくりも、原料や容器の種類によって、生産も大きく左右される。したがって個々にポイントを掌握して生産をすすめることが必要である。

3 おいしい風味のある納豆を安定してつくるために

納豆づくりにおいて、製品の均一化や、風味の安定生産はなかなか難しい。その原因として、原料大豆の品質のバラツキ、生産工程が短時間のうちに複雑な条件を満たさねばならないこと、雑菌汚染に見舞われることなどがあげられる。

一方、消費者では納豆の栄養学的な価値も十分認識して、おいしい栄養食品として好みのブランドを食べ続けるが、時折、不出来なまずい製品にあたると、納豆を敬遠し、しばらく納豆ばなれの現象を起こすことになるので、生産者としては何としてでもおいしい納豆の均一な安定生産を目指さねばならない。おいしい風味のある商品を継続的に供給できる生産技術を築き上げることが、もっとも重要な課題なのである。

(1) 納豆生産管理表は欠かせない

表3—3に掲げた納豆生産管理表はフローに従って納豆の品質に直接、または間接的に影響を及ぼす項目を記入したものである。下段は工場範囲で実施することのできる試験方法などを記入した。

いささか項目が多いが、一つ一つが生産上の大変重要な要素となって積上げられていく。均一な納豆生産のため、また、品質向上のためには、全部を満足させないことには目的は達成できない。

この管理表は、工場の規模に合わせ、現場ごとに分割して記入するなど実態を考慮して作成すれば大変効果があがる。

(2) 毎日の記録がわずかな変化を知らせる

一度つくり上げたおいしい商品を、二度、三度、いや、継続的に毎日生産しなければならない。科学する目的の一つは、再現性を求めることであるが、納豆生産にもこれが適用され、実際の生産に活用されなければならない。再現性を求め、また、これを与えるには、手段として必ず記録をとることが必要

表3−3　納豆生産管理表（例）

製造番号　　　　　　　　　　　　　　　　　　　　　　平成　年　月　日～　月　日（渡 辺，1985）

1.原　料	2.浸　漬	3.蒸　煮	4.接　種	5.充　填	6.引込み
		蒸煮缶型式		充填機型式・能力	発酵室・自動納豆製造装置の型式
1.品種 2.産地 3.生産年度 4.粒形 　大 　中 　小 　極小 　ひきわり 5.仕入期日数量 6.入荷形態 　バルク 　麻袋 　紙袋 7.仕入先 8.価格 9.夾雑物 10.損傷 11.成分	1.タンク番号 2.浸漬数量 3.浸漬時 　水温 　室温 4.浸漬時間 　開始時 　終了時 5.浸漬後 　水温 　室温 6.水質	1.蒸煮数量 2.蒸気元圧 3.蒸煮経過 　開始時 　ブロー時 　加圧時 　達圧時 　減圧時 　合計時間 4.蒸煮大豆硬度 　直後 　3時間経過後	1.納豆菌の種類 2.使用数量 3.希釈菌液量 4.接種方法	1.生産品目 2.容器型式 3.生産数量 4.充填時間 　開始時 　終了時 5.室温	1.コンテナ型式 2.発酵室番号 3.生産品目 4.1コンテナ当たり容器数量 5.コンテナ積上げ段数 6.コンテナ総数 7.総引込量 　容器数量 　大豆数量 8.引込み時間 　開始時 　終了時 9.引込み中の室温
試作時評価 生産後の評価	結果の検討，対策 ・水分吸収率 ・発芽率	結果の検討，対策 ・硬度試験	結果の検討，対策 ・スターターのチェック	結果の検討，対策 ・雑菌のチェック	結果の検討，対策

7.発酵（計画）	発酵（結果）	8.二次包装	9.冷蔵出荷	10.衛生管理	
		包装機型式・能力・品種数	冷蔵庫・冷凍庫の型式		
条件設定 1.発酵開始時 2.予冷 　℃　時 3.発芽繁殖 　℃～　℃　時 4.発酵 　℃～　℃　時 5.熟成 　℃　時 6.冷却 　℃　時 7.酸素導入および換気 　分 　回/時 　時～　時 8.加湿 　湿度　% 　時間　時 9.室出し 　時 10.室温 　（発酵室外） 　℃	1.発酵開始時 2.発酵終了時 3.発酵全時間 4.室温経過 5.品温経過 6.湿度経過	1.二次包装形態 2.包装開始時 3.包装終了時 4.製品滞在時間 5.包装室温度	1.温度設定 2.製品入庫時 3.製品出庫時 4.製品滞在時間 5.出荷時 　製品の品温 6.流通搬送 　車の種類と温度 　保冷車　℃ 　冷蔵車　℃ 　冷凍車　℃	1.洗浄殺菌対象 1）室名 　浸漬室 　蒸煮室 　充填室 　発酵室 　包装室 　冷蔵庫 　その他 2）機械器具 　浸漬槽 　蒸煮缶 　接種器具 　充填機 　昇降ホッパー 　盛込器具 　盛込机 　コンテナ 　台車 　その他	2.洗浄殺菌方法 1）洗浄 　洗浄剤種類 　使用濃度 　使用液量 　使用温度 　すすぎ洗い 2）殺菌 　熱湯殺菌 　殺菌剤種類 　使用濃度 　使用温度 　使用液量 　すすぎ洗い
	試食 結果の検討 対策 ・pH　・水分 ・アンモニア態 N	結果の検討，対策	試食（出荷時） 営業部の評価 客先の反応， 評価，対策 ・pH　・水分 ・アンモニア態 N	結果の検討，対策 ・雑菌チェック	

であり、毎日記録していると、微細な変化も鋭敏に感じとれるようになる。

発酵工程のみを採り上げてみれば現在は、自動納豆製造装置から打出される記録による実績を翌日のプログラムに還元することによって、味の均一化、固定化ができるようになった。

4 安全・衛生管理のポイント

(1) 食中毒菌、有害菌、雑菌への対策

食品製造において一番大切なことは、消費者の信頼に応える安全性であり、微生物制御や異物混入防止対策などは欠かせない。

納豆は、蒸煮大豆を納豆菌で発酵させ、熟成させたものを未加熱のまま食べる加工食品であるが、発酵工程における納豆菌の繁殖の適温が食中毒菌や有害菌と同程度であることから、各工程での衛生管理を怠ると、これらの菌が増殖し、食中毒や異常発酵の発生をまねきかねない。

したがって、衛生的な納豆をつくるためには、①施設、設備を整備し、製造に用いる機械・器具類を衛生的に保持する、②製造工程での微生物の侵入や増殖を防止する、③製品の保管、流通および販売に至るまでの一貫した衛生的な取扱いと、低温管理による安全性を確保することが大切なのである。

■いちばん問題なのは納豆菌ファージ

品質に関連した納豆製造上で問題となる微生物については表3—4にあげた。

この中でとくに注意を要するものは納豆菌ファージで、これは納豆菌の寄生菌である。土壌中に棲息、空中に多少浮遊しているが日頃の清掃、衛生管理が十分であれば心配はない。

しかしながら、製造に失敗した納豆や返品の納豆などを焼却せずに放置したような場合、ファージの好餌となり大量に発生し生産も壊滅的打撃を受けるので最大の注意が払われなければならない。

また、先に述べたが、浸漬水での乳酸菌の発生は素豆の原因となる。

クロストリジウムは、充填機や充填

表３－４　納豆製造で問題となる微生物と加熱処理条件

	微生物名	加熱死滅温度	納豆の状況	生息場所	備　考
ウイルス	納豆菌ファージⅠ～Ⅳ型	65℃，10分以上	①出来上がりは正常品と同様 ②攪拌時，糸切れが発生 ③汚染が著しいとき，発酵時に納豆菌の生育を阻害する	①土壌，ほこり ②工場内においては，排水溝，床，壁，天井などの湿った場所	①アルコール，次亜塩素酸ソーダ，逆性石けんなどで殺菌が可能
好気性芽胞形成菌	*Bacillus licheniformis*	121℃，15分以上	①外観は変わらないが糸弱く，香りが弱い	①土壌，枯れ草，稲わら ②空気中にも芽胞で少量存在 ③排水溝，床，天井など	①芽胞菌のため死滅しにくい ②納豆菌と同属の菌であり，納豆菌の発酵を妨害する ③同属菌のため検査が難しい
	subtilis		①少々赤みあり，糸引きが弱い ②糸に節ができる		
	pumilus		①菌の被り＊は良いが風味が落ちる		
	cercus		①やや赤く不快臭がある		
	firmous		①糸に節があり，まずい		
	coagulans				
嫌気性芽胞形成菌	クロストリジウム属（*Clostridium*）	121℃，15分以上	①ドブ臭い，汗臭い臭いを発生する ②酸欠により起こりやすい	①土の中など空気の少ない所 ②空気中でも芽胞で少量存在	①芽胞菌のため死滅しにくい
	Lactobacillus plantarum（乳酸桿菌）		①浸漬中に乳酸発酵がすすみ浸漬大豆表面に乳酸が残ると納豆菌が繁殖できず素豆となる	①主として浸漬槽下部，大豆の溶出成分で繁殖 ②蒸煮工程で完全に死滅する	①浸漬終了時浸漬槽を弱アルカリ洗浄剤を用い十分に洗浄滅菌
糸状菌	リゾープス属（*Rhizopus*） ペニシリウム属（*Penicillium*）	80℃，10分以上		①土壌，ほこり ②工場内の天井，壁に発生	①糸状菌のために納豆が腐造になることはない ②胞子が出来上がった納豆中に生存していると，流通過程でカビとして発生することがある

注　＊菌の被り：菌苔，菌叢ともいう。豆の周囲を菌がおおいつくすこと

用の小道具の洗浄殺菌を怠ると発生し、納豆に不快臭が出る。台所のフキンを殺菌しなかったとき、また、クツ下の洗浄が足りなかったときなどに経験される臭いが発生する。

その他の雑菌も汚染を受けると品質の低下を来たすので、全体の洗浄殺菌を行ない、完全な衛生が保たれなければならない。

■ネズミ、昆虫の侵入防止

現在は納豆による中毒など考えられないが、昭和三十年には千葉県や東京都で、昭和三十一年には横須賀で五五名のサルモネラ食中毒の発生したことが衛生試験所報告に残っている。いずれもネズミの媒介によるもので、その後県条令でわらづとの殺菌が義務づけられるようになった。

ネズミ、昆虫は食品の安全性に重大な脅威を与えるので、加工施設内には絶対侵入させてはならない。窓、ドアおよび換気扇等の網目スクリーンは有効であり、排水溝等には蓋をすることが必要である。

■従業員の衛生

食中毒の原因菌である病原性大腸菌や黄色ブドウ球菌などは、蒸煮大豆に納豆菌を接種するときから容器に充填するまでの工程で起こりやすい。この作業に携わる従業員の手指の洗浄殺菌などを確実に行なうことが必要である。

食品を介して伝播される可能性のある病気の保菌者と考えられる人は、食品加工施設に入れてはいけない。また、製造従事者は常に清潔な衣服、帽子、マスクを着用することが必要である。

(2) 工程別に立てたい汚染防止対策

効果的な汚染の防止対策については、工程別に汚染の問題点をよく知ることが大切である。

①原料大豆の搬入時の問題点と対策

・原料大豆の紙袋、麻袋のほこりの中に土壌微生物が混入しているので、原料のほこりが製造場に舞い込んだり、原料の取扱者がそのままの服装で製造場に入ると雑菌汚染の原因となる。

・原料を取扱った作業者は、衣服を交換せず製造工場に入ってはならない。原料室から製造場への直接の通路を設けてはならない。

②洗浄時の問題点と対策

●豆洗機のある洗浄室は原料室と同室か隣室に設け、製造場との通路があってはならない。

●原料大豆を豆洗機にあけるとき、大豆のほこりが舞い上がり、汚染源となる。大豆が豆洗機に投入され、水に浸った時点でほこりの問題は解消し、水で洗浄された大豆の微生物付着数は10^5〜10^4から減少して10^3〜10^2となる。

③浸漬時の問題点と対策

●洗浄によって大豆の付着菌数は減少するが、浸漬水の温度が高くなると微生物が増殖し、通常10^3の菌数が二五〜三〇℃では10^6にも達する。このような微生物の繁殖は、大豆の栄養分を減少させ、これらの微生物が生産する発酵代謝物質が納豆菌の繁殖を阻害する。

●浸漬を終了すると浸漬水を排水するが、必ず排水溝まで導いて放流しなければならない。浸漬水は雑菌の濃縮物なので絶対に工場床に流してはならない。次の蒸煮工程で無菌になったはずの蒸煮大豆や納豆製品から大腸菌群の検出される原因は、床に排水した浸漬水のはねかえりに由来している。

●浸漬水の微生物の増殖抑制には、浸漬水温を一〇℃以下にすると効果的であるが、浸漬中水温が上がらぬ程度の水をかけ流してもよい。

●浸漬終了後の浸漬タンクの洗浄には必ず、弱アルカリ洗浄剤を使い、清潔な無菌状態にして再び使用する。

　木桶のような微生物が侵入する材質のものを使ってはならない。

④納豆菌接種時の問題点と対策

●納豆菌は液体のものと、粉体のものが販売されている。少量生産の場合、粉体のものは小分けしてあるので問題ないが、液体の場合はほとんど二五〇ccの壜入りで五〇俵用、一〇〇俵用となっているので、何度も開栓すると雑菌に汚染される。この場合、開栓時二五―三〇ccのガラス共栓壜を用意し、鍋で煮沸殺菌したあと、小分けして冷蔵庫に保管するとよい。

●納豆菌は殺菌水で希釈し、希釈菌液として接種作業を行なうが、殺菌水はそのつど、飲料水を煮沸冷却して使用する。

●納豆菌接種に使用する器具類は、使用のつど、弱アルカリ性の洗浄剤で洗浄したあと、煮沸または殺菌処理をして次の生産に備える。

⑤充填（盛込み）時の問題点と対策

〈手作業充填〉

●納豆菌接種後の煮豆を受ける容器や、ヒシャク、カップ、シャモジなど充填作業に用いる小道具類は、弱アルカリ洗浄剤で浸漬洗浄、すすぎ洗い、熱湯殺菌を行ない、乾燥させ清潔に使用する。

●充填作業中、作業者の手指が容器、小道具類と直接接触するので、作業前、手指の洗浄や殺菌を行ない、手指からの細菌汚染（大腸菌群など）を防止する。

〈機械充填〉

●納豆菌接種に使う煮豆移動ホッパーや自動充填機のホッパー、シューター、計量シャッターなど煮豆の付着する部位は分解し、弱アルカリ洗浄剤で浸漬洗浄、すすぎ洗い、熱湯殺菌後乾燥して次の生産に備える。

●充填後の容器はコンテナに収容され台車に積上げられるが、使用するコンテナや台車は、発酵に使用するものと、外部搬送に使用するものときちんと分けて使用する。

●コンテナ、および台車は、弱アルカリ洗浄剤で浸漬洗浄、またはコンテナ洗浄機で洗浄後すすぎ洗い、乾燥して使用する。

⑥発酵室、冷蔵庫、製造室、冷蔵庫などの問題点と対策

●発酵室内の機器は注意深く、天井、壁、床なども弱アルカリ洗浄剤を撒布機で付着させ、一〇分後水ですすぎ洗い、乾燥して使用する。

●冷蔵庫は室温が低いため微生物が少ないように思われがちであるが、かなり繁殖しているので定期的な洗浄を必要とする。これにも弱アルカリ洗浄剤を使用する。

●製造室の水にぬれる部分は作業終了後、弱アルカリ洗浄剤で全室、排水溝も含めて洗浄する。包装場などの乾燥区域は清潔なモップなどを使い洗浄・乾燥させる。

●輸送車内部、搬送用コンテナなども十分に洗浄、衛生的管理が行なわれるようにする。

(3) 機械や器具の洗浄は弱アルカリタイプを使用

納豆工場で対象となる汚れは大豆タンパクと脂肪である。洗浄と製造機械・器具や環境などの多様な洗浄場面を考慮した場合、弱アルカリタイプの洗浄剤が適切である。

通常、洗浄濃度〇・二五～一・〇%、洗浄温度二〇～四二℃、洗浄時間一〇分以上で、浸漬洗浄、ブラシ洗浄が適している。

洗浄手順は次のように行なうとよい。

①洗浄対象物の表面から全体的に汚れを水で除去する。（予備洗浄）

②弱アルカリ洗浄剤溶液をかけるか、

この中に浸漬するかして汚れや細菌のフィルムを離れやすくする。一〇分以上接触させる。（本洗浄）

③水ですすぎ、浮き上がってくる汚れおよび洗浄剤の残りを除去する。（すすぎ洗い）

④必要に応じて各種殺菌剤および熱湯などでの殺菌を行なう。

5 自分でできる品質検査

「3　おいしい風味のある納豆を安定してつくるために」（74ページ）において記録をとることの重要性をあげ、生産管理表の活用をすすめた。

翌日の発酵終了後の製品の品質検査には、それまでに記録した全工程のデータをみながら試食する習慣をつけるとよい。外観、味、香り、糸引き、粘りなどの評価も必ず記録に残すようにする。

訓練を積めばアミノ酸分析計より、何よりも管理者の官能検査が信用できるようになり、継続的にこれを繰り返せば、異常が起きてもすぐ原因がわかり、対策がとれるようになる。総合的な生産の評価であり、結果判定となる。

官能検査法については農水省食品総合研究所納豆試験法研究会（現共立女子大学教授木内幹氏主宰）、一九九〇年の方法（表3―5）を紹介する。

冷蔵庫から出して室温に一時間放置したあと官能検査を行なう。外観、色などについて上面と下面について検査する。まず、上面についてはポリエチレンフィルムを取って検査する。ついで下面についてはポリスチレン・ペーパー（PSP）容器を外側から手でもんでPSP容器と納豆をはがすようにしておき、容器を逆さまにして納豆を容器の蓋の上に乗せ納豆の裏面の外観、色などを検査する。粘りは、納豆を割り箸で二〇回かき回した後、割り箸で納豆（五〇グラム入りの場合）の二分の一ないし三分の一をつまんで四〇センチくらい持ち上げて観察する。ついで香りをかぎ、豆の硬さや味を検査する。多数の試料を続けて官能検査するときは、醤油を一〇倍に薄めてうがいしながら行なうとよい。結果は官能検査表に記載する。対照には日常食べている納豆を基準におき、評価段階の「3（普通）」とし、「5」を良い、「1」を悪い、とする。備考欄には、評価した理由をできるだけ詳しくメモしておく。

＜官能検査表＞

試料：煮豆，納豆　　平成　年　月　日　　　　　　氏名 ＿＿＿＿＿＿＿＿

評価項目	評価	備考
1. 菌の被り	悪い　やや悪い　普通　やや良い　良い 1　2　3　4　5	
2. 溶菌状態	多い　やや多い　普通　やや少ない　少ない 1　2　3　4　5	
3. 豆の割れ，つぶれ	多い　やや多い　普通　やや少ない　少ない 1　2　3　4　5	
4. 豆の色	悪い　やや悪い　普通　やや良い　良い 1　2　3　4　5	
5. 香り	悪い　やや悪い　普通　やや良い　良い 1　2　3　4　5	
6. 硬さ	硬い　やや硬い　普通　やや軟らかい　軟らかい 1　2　3　4　5	
7. 味	悪い　やや悪い　普通　やや良い　良い 1　2　3　4　5	
8. 糸引き	弱い　やや弱い　普通　やや強い　強い 1　2　3　4　5	
9. 総合評価	悪い　やや悪い　普通　やや良い　良い 1　2　3　4　5	

＜製品に関する判定基準＞

1.　納豆菌の被り

（良）　ムラなく，一定の厚さでおおっており，素豆やマダラな被りがないもの

（悪）　被りがマダラ状，または素豆がところどころにある。その他，著しく，被りの薄いもの

2.　溶菌状態

（良）　被りに菌叢の溶けた状態が見られないもの

（悪）　菌叢が溶けてベタベタした状態が出ているもの

3.　割れ，つぶれ，皮むけ

（良）　割れ，つぶれ，皮むけなどが少ない，またはほとんどないもの

（悪）　上記のものが多いもの

4.　豆の色

（良）　茶色殻，うす茶色をしており，鮮やかさを伴うもの

（悪）　こげ茶殻，黒っぽい色のもの

5.　香　り

（良）　甘味臭の良いもの。アンモニア臭，コゲ臭，酸臭，異臭から判断して適度な香りを有するもの

（悪）　甘味臭，アンモニア臭，コゲ臭，酸臭，異臭から判断して不適当なもの

6.　硬　さ

（良）　軟らかく，滑らかな歯ざわりを有するもの

（悪）　硬くて，歯ざわりの悪いもの

7.　味

（良）　アミノ酸などの旨味や，苦味，甘味，異味などから判断して適当な味を有するもの

（悪）　旨味，苦味，甘味，渋味，異味などから判断して不適当なもの

8.　糸引き

（良）　かき回したときに，粘りが強く，糸引きの良いもの

（悪）　粘りが少なく，糸引きの弱いもの

9.　総合評価

全体的に考え評価する。異物，チロシンの結晶などが見られたときは総合評価の備考欄に記載する

第4章

納豆の生産計画から販売まで

1 規模別にみる生産・販売計画と設備の選び方

農地と農業を守るため、自給率を高めるためにも原料大豆の地場栽培と生産物の地場加工を行ない、生産効率を高め、この成果によって農村が豊かになり農業が復活することを切に望んでいる。

また、食品の安全性が求められている現在、外国産大豆は遺伝子組み換えなどが問題になっているが、消費者の居住する環境で栽培され加工された国産大豆納豆ならば、いちばんの安心が得られる。

地場の原料大豆を使い、その商品形態は実質本位とし、自家用、業務用などには五〇〇グラム（三三〇グラム）入り徳用納豆、店頭販売用には五〇～

日産一〇～二〇キロ規模

(1) 商品は五〇〇グラム入り徳用パックでコストを抑える

現在市場にある納豆の大部分は外国産大豆を原料としてつくられたものである。渇望されていた国産大豆は収量が少ないため、栽培しても利益がなく、生産減少の悪循環を起こしてきた。

二十一世紀には食糧危機が予告されている。今後の日本の食糧を確保する

図4−1　自家用，業務用の330g入り徳用パック

設備投資が少なく，盛込み作業にも時間がかからないので基礎商品としておすすめ

図4−2　店頭販売用の50g入り角容器

個装，2～4段がある。規模が大きくなったら，徳用パックに加えて生産したい

一〇〇グラム角容器入りの三～四段包装をおすすめしたい。

商品づくりの基本は、地場生産・地場消費をモットーに、次のような実質本位の商品形態をとることである。

①一般市販品のような華美な包装は避ける。

②小包装が必要な売り先以外、小包装をさけ、単位製品の量目を多くし、包装材料を節約する。

③このため充填作業も簡単になり取扱い、配達に便利である。

④製品は、食事の際、家庭で配分してもらう。

⑤将来販路が拡がり、給食用、業務用、またはAコープ、生協などの小売販売用が必要となるまで、高価な自動充填機や包装機械を必要としない。

日産一〇～二〇キロ規模の納豆づくりは非常に小規模であり、一人当たり一食五〇グラムを消費するとした場合、製品は原料の約二倍量となるので四〇〇～八〇〇食である。設備投資をできるだけ少なくするため、商品形態はまず盛込み作業が手速くでき、コストも安い弁当型徳用パックを採り上げることにした。一個五〇〇グラム（三三〇グラム）充填することにすれば一〇～二〇キロで四〇～八〇個（六〇～一二〇個）盛込めばよく、盛込みに時間がかからない。

自家消費・業務用などに喜ばれ実質本位の商品である。

(2) 販売対象は地元住民が基本

販売は大豆生産者を中心とした農家や地域居住者で、地場生産、地場消費を基本として、良い製品をつくり安い価格で供給したい。

販売は予約制で、保冷箱付きスクーターまたは、冷蔵車での配達、集金を行なう。

販売対象となる見込客数の確保と販売目標を表4―1に示したので参考にされたい。これは総務庁統計局の全国一世帯当たりの平均納豆消費金額より算出した。

一世帯当たりの消費量は非常に少なくなっているので、見込客の数をふやしているが、ここから販売高を上げるよう努力を始めたほうが事業の成功率は高くなる。

(3) 利益見込みは日産二〇キロで粗利三八七万円

表4―2に年間の利益見込みを示した。日産二〇キロ規模で三八七万五四〇〇円の試算となる。

表4－1　販売対象の確保と販売目標

（1）10kg（日産50g×400食）の場合

①月間生産量

50g製品で日産400食×25日＝10,000食分

商品をPSP容器入り330g徳用納豆とすれば1,500個

②販売対象

大豆生産農家・近隣農家，地域住民　1,000～500世帯

1世帯当たりの月間消費量は50g×6.5個（販売計画計算の基礎参照）

50g×6.5個として，10,000÷6.5＝1,538世帯（330gでは1個）

50g×10個とすれば，10,000÷10＝1,000世帯（330gでは1.5個）

50g×20個とすれば，10,000÷20＝500世帯となる（330gでは3個）

③販売目標

月間1世帯当たり330g×2～3パックの予約注文を受け配達・集金する

1日40軒～20軒の配達となる（営業　1名）

（2）20kg（日産50g×800食）の場合

①月間生産量

50g製品で日産800食×25日＝20,000食分

商品をPSP容器入り330g徳用納豆とすれば3,000個

②販売対象

大豆生産農家・近隣農家，地域住民，近郊都市住民　2,000～1,000世帯

1世帯当たりの月間消費量は50g×6.5個

50g×6.5個として，20,000÷6.5＝3,076世帯

50g×10個とすれば，20,000÷10個＝2,000世帯

50g×20個とすれば，20,000÷20個＝1,000世帯となる

③販売目標

月間1世帯当たり330g×2～3パックの予約注文を受け，配達集金する

1日80～40軒の配達となる（営業　2名）

（参考）販売計画計算の基礎

全国平均1世帯当たり消費金額より算出した納豆消費量

(1) 平成11年度家計調査年報（総務庁統計局）

全国1世帯当たりの納豆消費金額……￥4,037

・平成11年3月31日現在住民基本台帳に基づく全国世帯数……46,811,712世帯

・平成11年度家庭向け市場金額……￥4,037×46,811,712≒￥189,000,000,000

(2) 平成11年度の平均的製品

50g×3パック，17点の平均価格　￥156

(3) 1世帯当たりの消費数量

￥4,037÷156＝25.8≒26パック

1食分50gでは　26個×3個＝78個／年　6.5個／月

(4) 1人当たりの消費数量

1世帯構成人員　1990年よりの平均値…3名

年78個÷3＝26個

26÷12カ月＝2個/月　月間50g　2個

(4) 設備は小型発酵室を利用

この生産設備の中心は、大豆を蒸煮するために必要なボイラー、蒸煮缶、および発酵室である。通常の納豆工業で使われる大豆蒸煮缶は最高圧力二キロまで上げることができるものが使われるが、小規模であるため蒸煮時間を延長してカバーすることとし、小型圧力容器を採用した。この蒸煮缶は圧力一キロ以下で使用することができ、労働基準監督署への届け出が不必要である。

日産一〇～二〇キロ規模の場合の設備のフローシートとレイアウト例を図4―3、4―4に示した。

小型発酵室は一・二メートル×〇・九メートル×一・八メートルほどで約二立方メートルの大きさである。

作業人員は通常一名で、蒸煮した大豆に納豆菌を接種し、容器に充填するときに助手が必要となるが、一〇キロの場合二名、二〇キロの場合三名いれば十分である。

表4－2　日産20kg規模の工場における利益見込み（試算）

（単位：円）

(1) 年間生産量（330g）	
日産120個×25日×12カ月＝36,000個	
(2) 生産原価	
原材料（包装材料費）	104.20
人件費	70.00
燃料費	0.67
水道費	1.25
電気料	5.10
生産設備ならびに建物付帯設備	46.13
	227.35
36,000個×227.35＝8,184,600…①	
(3) 販売価格	
国産大豆製同等商品	
45g×2個＝138　@1.53/g	
50g×2個＝145　@1.45/g	
平均価格1.49≒1.50	
330g価格を495円	
(1) 地域消費者販売価格　20％引き…396円	
(2) 配達費　15％引き…335円	
36,000個×335＝12,060,000…②	
(4) 粗利益（②－①）	
12,060,000－8,184,600＝3,875,400円	

注　原料大豆は極小粒1俵24,000円とした。生産設備ならびに建物付帯設備は全体金額を年金利3.5％法定償却を見込んだもの

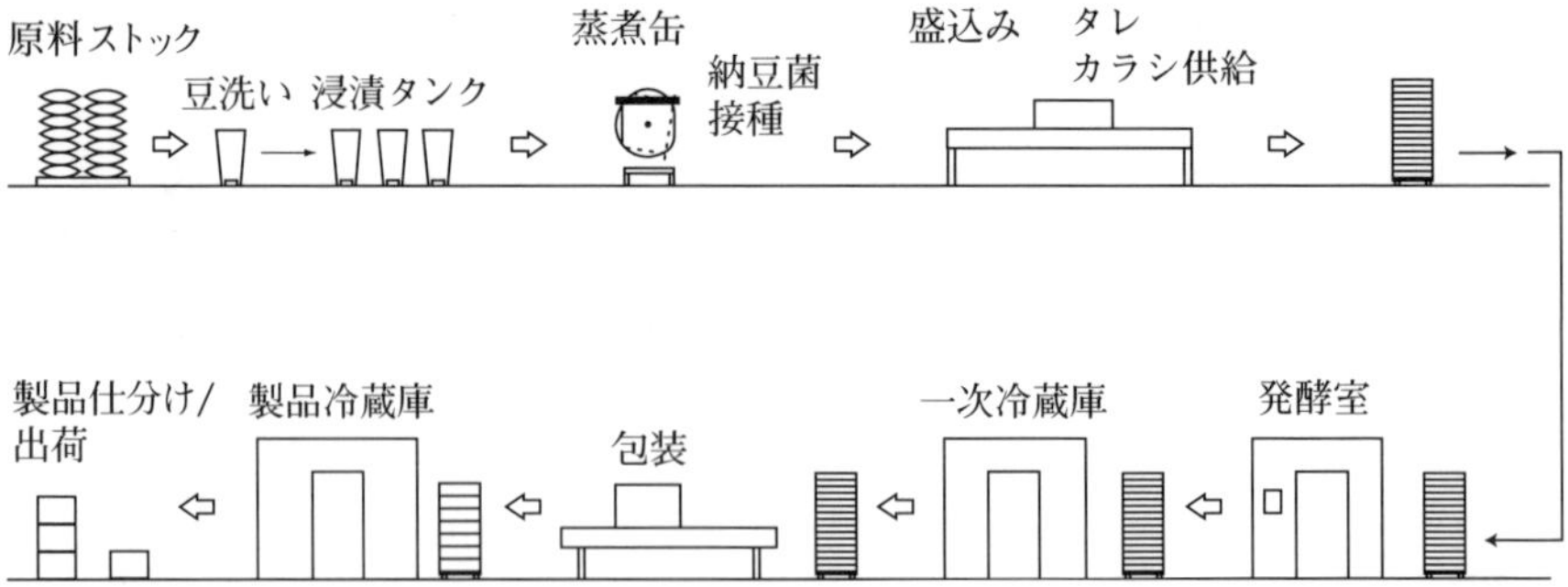

製造工程：原料投入 → 大豆洗浄 → 浸漬 → 蒸煮 → 納豆菌接種 → 盛込み（手詰め） → 量目チェック → 箱詰め → 発酵 → 冷却 → 包装 → 冷却 → 製品出荷

図4−3　日産10〜20kg規模納豆製造設備のフローシート

(5) 原料大豆は五〇〜一〇〇俵必要

原料一〇キロの場合、一カ月二五日稼動するとして、年間五〇俵の大豆が必要となり、反収三俵とすれば一・七ヘクタールの作付けが必要となる。二〇キロの場合は年間一〇〇俵必要で、三・四ヘクタールの作付けが必要となる。収穫後の大豆は必ず低温倉庫で保管する。

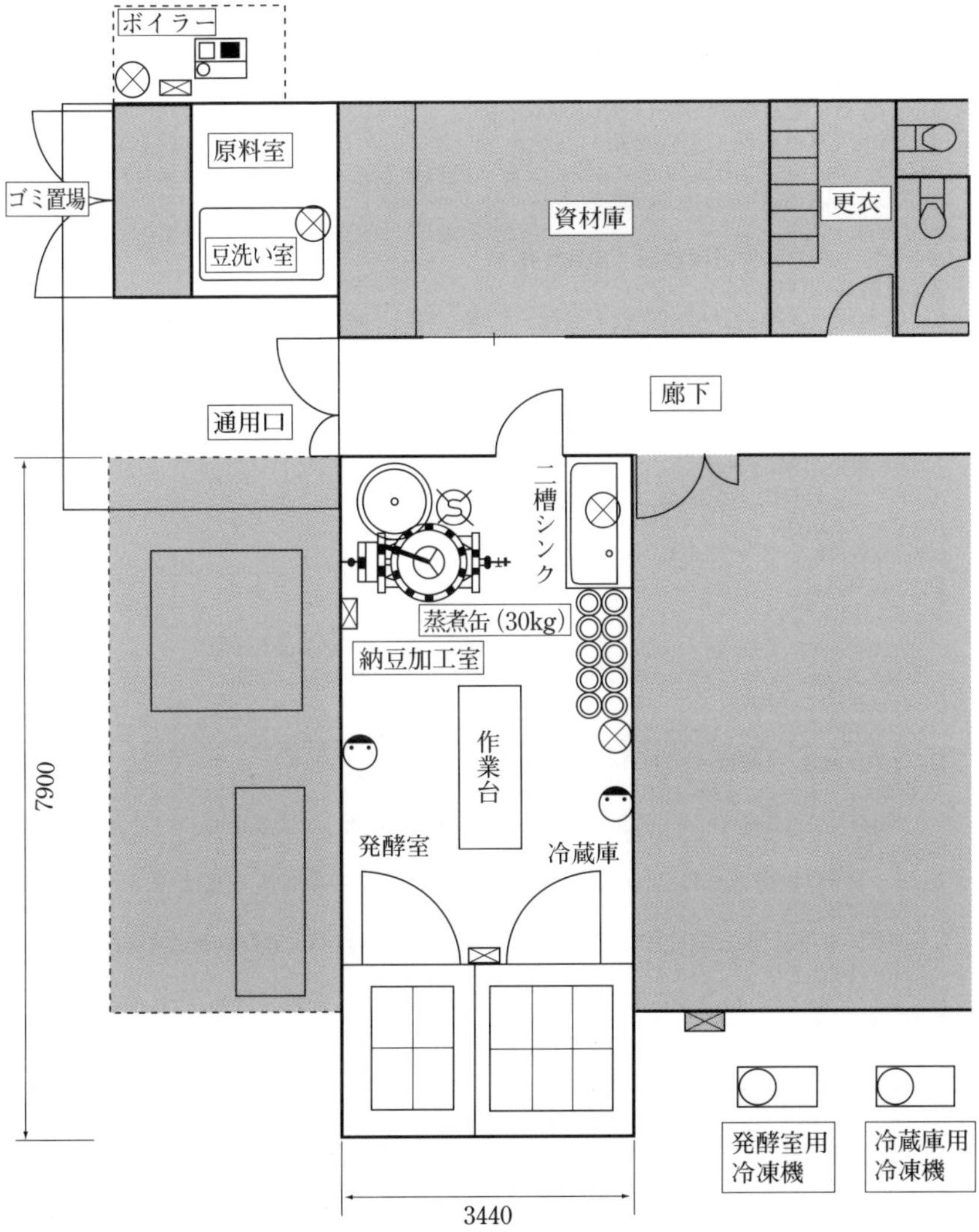

面積：(3.5m × 8m) ＋ (3.5m × 2m) ＝ 35m² ≒ 10.6 坪

図4－4　日産10～20kg規模の納豆工場設備のレイアウト例

(2) 240kg（日産50g×9,600食）の場合

①月間生産量

50g製品で日産9,600食×25日＝240,000食分

120kg規模と同様に330g徳用パックをベースに，業務用・集団給食用としてPSP50g入り角容器を加え、PSP50gは包装をしない白納豆で納入する。卸売用は4段積帯掛包装とする。以上を按分して生産販売する

②販売対象

A：大豆生産農家，近隣農家，地域住民

B：近隣都市住民

C：業務用・集団給食用（学校・会社・工場・病院・療養所・福祉施設・給食会社・ホテル・旅館・民宿・寿司店）

D：Aコープ，生協，農産物直売所，農協売店，地元物産館，道の駅，ゴルフ場等への卸売

〈試算〉

月間生産量は240,000食分

A，B：C：Dの比率を1：3：4　とすれば

A，B＝30,000食
C＝90,000食
D＝120,000食
（合計120,000食）

A，B　30,000食

50g×10個とすれば，30,000食÷10個＝3,000世帯（330gでは1.5個）

50g×20個とすれば，30,000食÷20個＝1,500世帯（330gでは3個）

C　90,000食　白納豆

90,000食÷900食＝100事業所

D　120,000食（4段積×30,000パック）

30,000パック÷25日＝1,200パック／日

1,200パック÷300パック＝4事業所（1日販売量を1事業所当たり300パック/日として計算）

③販売目標

A，B　月間1世帯当たり330g×2～3パックの予約注文を受け配達集金する。1日100～50軒の配達となる（営業　2名）

C　月間1事業所当たり900食（36個／日）を100事業所1日3.5個所の配達を行なう（営業　1名）

D　1日（50g×4）パックを300個販売する事業所，4店に配達（営業　1名）

日産二～四俵（一二〇～二四〇キロ）規模

(1) 商品構成は徳用プラス個装・三～四段包装

前項では、栽培面積二～四ヘクタールで生産された大豆を、主として自家消費と近隣都市への家庭向け販売で消化する方法の提案をしたが、日産二～四俵規模では栽培面積は二〇～四〇ヘクタールとなり、市町村単位の事業となる。

一日の納豆生産量は四八〇〇～九六〇〇食となるので、販売拡大のため基礎商品の徳用パックに加え、五〇グラム入り角容器の製品を個装または、四段重ね商品とし拡販することにする。

表4−3　販売対象の

（1）120kg（日産50g×4,800食）の場合

①月間生産量

50g製品で日産4,800食×25日＝120,000食分

商品，市場の拡大と共に販売先から要求される商品も多様化されてくるが，ここでは基礎商品としての330g徳用パックをベースに，業務用・集団給食用としてPSP50g入り角容器を加える。PSP50gは包装をしない白納豆で納入する。徳用パック，PSP50g入り角容器を按分して生産販売する

②販売対象

A：大豆生産農家，近隣農家，地域住民

B：近郊都市住民

C：業務用・集団給食用（学校・会社・工場・病院・療養所・福祉施設・給食会社・ホテル・旅館・民宿・寿司店）

〈試算〉

月間生産量は120,000食分

A，B：Cの比率を1：3　とすれば

A，B＝30,000食
C＝90,000食　｝合計120,000食

A，B　30,000食

50g×10個とすれば，30,000食÷10個＝3,000世帯（330gでは1.5個）

50g×20個とすれば，30,000食÷20個＝1,500世帯（330gでは3個）

C　90,000食

90,000食÷900食（36個/日）＝100事業所

③販売目標

A，B　月間1世帯当たり330g×2～3パックの予約注文を受け配達集金する。1日100～50軒の配達となる（営業　2名）

C　月間1事業所当たり900食（36個/日）を100事業所1日3.5個所の配達を行なう（営業　1名）

集団給食の場合、徳用または個装のいずれかが選ばれることになる。また多種類の糖質の多い納豆適性大豆が栽培され選択できれば、多様の商品展開をはかることができる。

(2) 販売は地元の学校や病院、Aコープにも拡げる

農村工業で納豆製造に取り組む場合、販売の基本はまず自給自足体制を確立することが大切である。販売先としては原料大豆生産者ならびにその地域全体の農村生活者の家庭、および近隣都市を対象とする。通販対象には地域出身者の家庭を、また業務用には地域の学校や病院などを考える。このようにして地域での消費の振興をはかる。

販売方法は消費者直結型を基本とし

て、地域のAコープ、生協などの協力を得て販売網を構築する。地域内は宅配し、地域出身者の家庭などには宅配便で配送する。

現在、国内の納豆メーカーの数は、原料一俵から一〇〇〇俵を生産する業者を含め、大小をあわせ約三五〇社である。地域的には偏って散在し、大手一〇社で全体の七〇％を生産している。そして販売先は大手スーパーやコンビニエンス・ストアであり、販売競争は熾烈を極めている。したがって農村加工で納豆を手がける場合、販売はチェーンストアに依存すべきではなく新たな流通網を構築することが大切である。

表4―3に確保すべき販売対象数と販売目標を示したので参考にしていただきたい。

(3) 利益見込みは日産四俵で粗利七〇〇〇万円

工場稼働後の概略の利益見込みを表4―4に示した。試算では日産四俵規模で粗利益は七〇〇〇万円を超える。

(4) 増産を考え六俵規模の施設をつくる

工場規模や設備計画は売り先、売り方、商品計画にしたがって決定される。納豆工場が食品工場と比べ特徴的な

表4―4　日産4俵規模の工場における利益見込み（試算）　（単位：円）

(1) 年間生産量（50g角容器の場合）

日産8,800個×25日×12ヵ月＝2,640,000個

(2) 生産原価

原材料，包装材料費	17.15
人件費	2.46
燃料費	0.09
水道料	0.09
電気料	0.20
生産設備ならびに建物付帯設備	3.81
	23.80

注　原料大豆は極小粒1俵24,000円とした生産設備ならびに建物付帯設備は全体金額を年金利3.5％法定償却を見込んだもの

2,640,000×23.80＝62,832,000…①

(3) 販売価格

国産大豆製同等商品

45g×2個＝138　@69

50g×2個＝145　@72.50

平均価格　70.75

(1) 地域消費者販売価格15％引きとすれば60.13

(2) 配達費　15％要すれば　51.11

2,640,000×51.11＝134,930,400…②

(4) 粗利益（②－①）

134,930,400－62,832,000＝72,098,400円

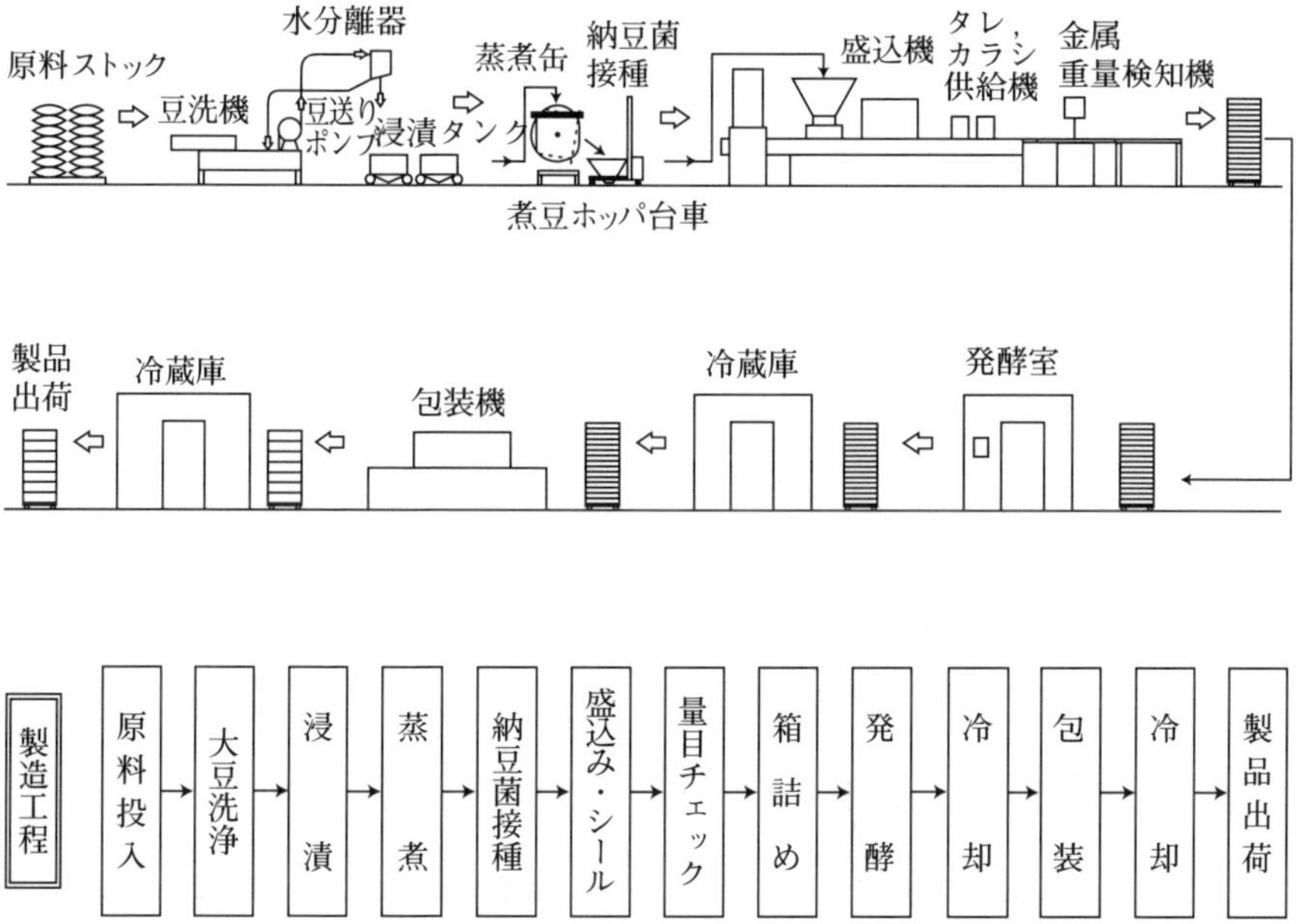

図4－5　日産４俵規模納豆製造設備のフローシート

点は、微生物である納豆菌の繁殖、発酵によって製品が完成されることにある。他の微生物の侵入、雑菌汚染は品質の低下を生じさせ、また、生産不可能な状態に陥ることさえあるので、徹底した衛生管理が保たれる構造が必要であり、将来の設備拡張にあたっては入念な汚染防止策を講ずる必要がある。したがって将来計画まできちんと立て、初期計画を実施するとよい。

また、あまり内容に違いがなければ生産量を少し多目に計画しておいたほうがよい。たとえば日産二俵→四俵→六俵の増産計画をもっているのであれば、まず六俵規模の工場を建てておいて生産設備を二俵→四俵→六俵とする漸進的な方法をとるとよい。

図4—5は、日産四俵で角容器を充填・包装まで機械で処理するフローシートであり、無理な作業のない、推薦できる標準タイプである。

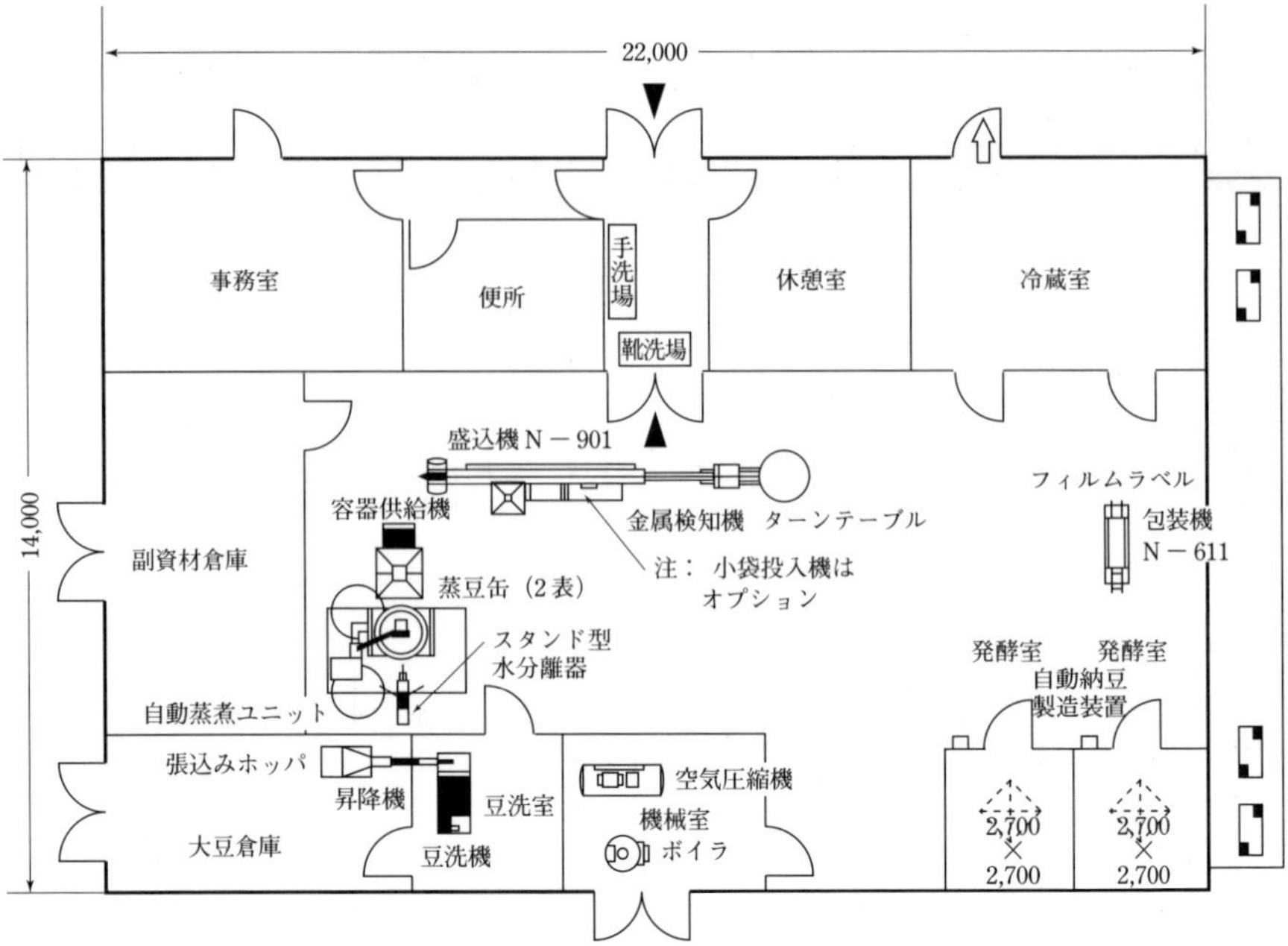

図4－6　日産2～6俵規模の納豆工場設備のレイアウト例

図4―6はこの設備の入った工場のレイアウト例で、日産六俵までの生産が可能である。将来の目標を六俵規模に定め独立工場としたため、工場面積は事務室・便所・休憩室を含め九四坪となっているが、作業場のみであれば四俵四五坪、二俵四〇坪で足りる。

下水道や電気を備えるなど敷地の立地条件によるが、建物の価格は軽量鉄骨、電気、水道工場付きで坪単価三五万程度である。したがって、本図の九四坪では三二九〇万円、作業場のみの四俵四五坪では一五七五万円、二俵四〇坪では一四〇〇万円程度である。

日産二俵で充填機の設備のない場合は、手作業での充填となるため女子パートタイマーの人数を増やさなければならないが、なかなか困難な作業であるから充填機があれば理想的である。

(5) 原料大豆は六〇〇〜一二〇〇俵必要

まず原料大豆の作付けが必要であり、品種の選定については、現在当該地域で奨励されている品種で、もっとも納豆生産に適した品種を採用すべきである。将来の商品多様化のための品種の選定をも含めて、当地域の農業改良普及センターおよび農業試験場と深くかかわりあって相談することが必要である。

品種によって反収は異なるが、毎日二俵の納豆（五〇グラム四四〇〇個）の生産原料を確保するには、反収三俵として二〇ヘクタールの栽培が必要であり、四俵（五〇グラム八八〇〇個）を生産するには四〇ヘクタールの作付けが必要である。

秋に収穫された大豆は、気温による変質を避けるため一五℃湿度六〇％の低温倉庫内で貯蔵する。

(6) 納豆容器とタレ・カラシ

資材として使われる納豆容器、フィルムおよびフィルムラベルについては表4―5、タレ、カラシについては表4―6に規格を掲げた。

なお、日産一〇〜二〇キロ規模および二〜四俵規模の生産・販売計画について一覧表を表4―7に示したのであわせてみていただきたい。

表4―5　納豆容器と包装用材料

品　名	規　格
PSP製角容器	
50g用	100×100×30mm
30g用	95×95×23mm
80〜100g用	120×120×30mm
カップ容器	
印刷紙カップ	
①50g用	φ71mm×H55mm
②30g用	φ71mm×H45mm
印刷低公害	
(PPフィラー) カップ	
①50g用	φ74mm×H51mm
②30g用	φ74mm×H45mm
マルチ包装用包材	
①PSP50g×3	3P用印刷フィルム
②カップ30g×3	3P用印刷フィルム
	台紙

表4―6　タレ，カラシの規格

品　名	規　格
タレ	
納豆のタレ	5g× 2,500個
納豆のタレ	3g× 3,000
納豆のタレ	8g× 1,500
カラシ	
からしミニ	1.5g× 6,000
からしミニミニ	1.0g×10,000
からしS	2.0g× 3,000
タレ，カラシペア	
納豆のタレペア	5g× 2,000
納豆のタレペア	3g× 3,000
納豆のタレペア	8g× 1,500

納豆の生産・販売計画

120kg（2俵）	240kg（4俵）
地域・近郊都市地域消費者 業務・集団給食直結型	地域・近郊都市消費者，業務給食直結ならびに地域団体への販売協力依頼型
A 地域住民（大豆生産者，地域住民） B 近郊都市住民 C 業務・集団給食（学校，会社，工場，病院，療養所，福祉施設，料理店，食堂，居酒屋，寿司店，ホテル，旅館，民宿）	A 地域住民（大豆生産者，地域住民） B 近郊都市住民 C 業務・集団給食（学校，会社，工場，病院，療養所，福祉施設，料理店，食堂，居酒屋，寿司店，ホテル，旅館，民宿） D Aコープ，生協，農産物直売所，農協売店，地元物産館，道の駅，ゴルフ場への卸売
1）原料 120kg 2）納豆になったときの重量 240kg （1食50gとして4,800食） A（地域住民用）・B（近郊都市住民用） 500gパック480個 または330gパック720個 C（業務・集団給食用）50g個装4,400個	1）原料 240kg 2）納豆になったときの重量 480kg （1食50gとして9,600食） A（地域住民用）・B（近郊都市住民用） 500gパック960個 または330gパック1,440個 C（業務・集団給食用）50g個装8,800個 D（Aコープ・生協用）50g×4段2,200個

40坪	45坪
1）大豆洗浄・浸漬 ①豆洗機 1式 ②浸漬タンク 1基 ③漬豆リフター 1台 など 1式 2）蒸煮 ①蒸煮ボイラー 1式 ②自動蒸煮装置付蒸煮缶 1式 ③納豆菌接種器 1台 ④煮豆リフター 1台 3）充填 ①ステンレス作業台 2台 ②樹脂タライ 2個 ③1kg台秤 2台 ④秤量升 2個 ⑤万能型盛込機 1台 自動容器供給機 タレ・カラシ投入機 金属・重量検知機 コンプレッサー コンベアー など付帯設備 1式	1）大豆洗浄・浸漬 ①豆洗機 1式 ②浸漬タンク 1基 ③漬豆リフター 1台 など 1式 2）蒸煮 ①蒸煮ボイラー 1式 ②自動蒸煮装置付蒸煮缶 1式 ③納豆菌接種器 1台 ④煮豆リフター 1台 3）充填 ①ステンレス作業台 2台 ②樹脂タライ 2個 ③1kg台秤 2台 ④秤量升 2個 ⑤万能型盛込機 1台 自動容器供給機 タレ・カラシ投入機 金属・重量検知機 コンプレッサー コンベアー など付帯設備 1式

表4−7　生産規模別

1　生産計画

(1) 生産規模（原料大豆1日処理量）	10kg	20kg
(2) 販売方針	地域・消費者直結型	地域・近郊都市消費者直結型
(3) 販売対象	A　地域住民（大豆生産者，地域住民）	A　地域住民（大豆生産者，地域住民） B　近郊都市住民
(4) 商品形態と数量 各商品を100%つくったときの数	1）原料　10kg 2）納豆になったときの重量　20kg （1食50gとして400食） 3）商品形態と数量目安 A（地域住民用）500gパック40個 または　330gパック60個	1）原料　20kg 2）納豆になったときの重量　40kg （1食50gとして800食） A（地域住民用）・B（近郊都市住民用） 500gパック80個 または330gパック120個

2　工場，生産設備，人員，資金調達

(1) 工場面積	11坪	12坪
(2) 生産設備	1）大豆洗浄・浸漬 ① 15*l* 容浸漬容器　3個 2）蒸煮 ①蒸煮ボイラー　1式 ②小型蒸煮缶　1式 ③納豆菌接種器　1台 3）充填 ①ステンレス作業台　1台 ②樹脂タライ　1個 ③ 1kg台秤　1台 ④秤量升　2個	1）大豆洗浄・浸漬 ① 15*l* 容浸漬容器　6個 2）蒸煮 ①蒸煮ボイラー　1式 ②小型蒸煮缶　1式 ③納豆菌接種器　1台 3）充填 ①ステンレス作業台　2台 ②樹脂タライ　2個 ③ 1kg台秤　2台 ④秤量升　2個

〈120kg（2俵）〉	〈240kg（4俵）〉
4）発酵室および冷蔵庫 ①小型納豆発酵室　1室 自動納豆製造装置 SY－N036 ②冷蔵庫　1室 発酵室・冷蔵庫用　1式 空調工事 ③発酵室備品 コンテナ　500枚 台車　35台 ④帯掛包装機　1台	4）発酵室および冷蔵庫 ①小型納豆発酵室　2室 自動納豆製造装置 SY－N036 ②冷蔵庫　1室 発酵室・冷蔵庫用　1式 空調工事 ③発酵室備品 コンテナ　1,000枚 台車　70台 ④帯掛包装機　1台
男子1名，女子2名　計3名	男子1名，女子2名　計3名
1）建築関連 40坪@35万　1,400万 2）生産設備　3,890万 合計　約5,250万	1）建築関連 45坪@35万　1,575万 2）生産設備　4,450万 合計　約6,025万

120kg/日×25日×12カ月＝36,000kg	1,240kg/日×25日×12カ月＝72,000kg
36,000kg/180kg＝2,000a　20ha	72,000kg/180kg＝4,000a　40ha

500gまたは330gパック 50gパック個装	500gまたは330gパック 50gパック個装，50g×4段積帯掛包装
①原料は機械洗浄浸漬槽で浸漬，リフターで蒸煮缶へ移送。 ②蒸煮缶は高圧蒸煮缶で最高圧力2kg/cm^{2}であり，通常1.6kg/cm^{2}の高圧下で蒸煮ができ，達圧後30～40分で達成される。 また，自動蒸煮装置付きで記録がとれる。 ③充填は大型容器は手詰め，小型容器は機械充填となる。	①～③左に同じ ④50gの卸売商品は4段包装（帯掛）を行なう。

※具体的な経営・生産計画については鈴与工業株式会社（東京都板橋区大山東町29—9，電話03—3961—6121）に問い合わせれば、相談に応じてくれる。

	〈生産規模 10kg〉	〈20kg〉
(2) 生産設備の続き	4) 発酵室および冷蔵庫 ①小型納豆発酵室 1室 自動納豆製造装置 SY－N036 ②冷蔵庫 1室 ③発酵室備品 コンテナ 30枚	4) 発酵室および冷蔵庫 ①小型納豆発酵室 1室 自動納豆製造装置 SY－N036 ②冷蔵庫 1室 ③発酵室備品 コンテナ 60枚
(3) 作業人員	男子1名，女子1名　計2名	男子1名，女子2名　計3名
(4) 資　金	1) 建築関連 11坪@35万 385万 2) 生産設備 850万 合計 約1,235万	1) 建築関連 12坪@35万 420万 2) 生産設備 900万 合計 約1,320万

3　原料大豆の調達（反収3俵180kgとしての栽培面積）

(1) 年間の大豆使用量	10kg/日×25日×12カ月＝3,000kg	20kg/日×25日×12カ月＝6,000kg
(2) 栽培面積	3,000kg/180kg＝166a　1.7ha	6,000kg/180kg＝333a　3.4ha

4　製造の方法

(1) 製品	500gまたは330gパック	500gまたは330gパック
(2) 製造工程の要点	①原料大豆は清水で洗浄，1晩浸漬する。 ②蒸煮に使用する小型蒸煮缶は最高圧力1kg/cm²で大豆を投入，蒸煮を始めてから1kg/cm²達圧後70～80分くらい保持，その後減圧する。 ③納豆菌接種後の大豆は升で手詰め，台秤上で重量調整する。 ④発酵終了後は容器内の品温が完全に5℃以下になるまで冷蔵庫で冷却，配達する。	左に同じ

2 食品衛生法で定められている施設の設備基準

納豆は、蒸煮大豆を納豆菌で発酵させ、熟成させたものをそのまま食べる加工食品である。しかし、発酵工程における納豆菌の発育至適温度がある種の食中毒菌や有害菌と同程度であることから、各工程で不潔な取扱いを行なうと、それらの菌が増殖し、食中毒や異常発酵の発生をまねきかねない。

したがって、衛生的な納豆をつくるためには、施設・設備の整備と製造に用いる機械・器具類を衛生的に保持し、製造工程での微生物の侵入や増殖を許さないような取扱いが必要である。また、製品の保管、流通および販売に至るまでの一貫した低温管理による安全性を確保することが大切である。

以下に紹介するのは、一九八〇年に社団法人日本食品衛生協会によってまとめられた納豆の衛生管理要領のなかの施設の設備基準である。納豆生産のためには製造設備は衛生に過ぎるということはない。新しい工場づくり、または設備の改装に当たっては十分参考にして優秀な環境を整えるようにして頂きたい。

(1) 施設周囲の地面は舗装して、ほこりを防ぐ

施設周囲の地面は、アスファルト、コンクリートなどで舗装し、水はけがよく、適当な勾配が設けられていること。また、周囲は、ほこりがたたないように適切な措置が施されていること。

工場内へのほこりの侵入は土壌微生物による雑菌汚染やバクテリオファージにより製品の劣化をきたす。また昆虫の発生や工場への侵入防止のため重要である。

(2) 製造場の構造・設備上の注意点

■製造場

(1) 製造場は、独立した専用の建物であることが望ましいが、独立の建物でない場合は、隔壁により住居などと完全に区分されていること

と。

（2）施設には、ネズミ、昆虫などの侵入を防止するため窓、吸・排気口に金網、また出入口に自動開閉式の扉などが設けられていること。

（3）製造場は、その計画製造量に応じた広さを有し、十分な耐久力を有する原材料の保管場所、発酵室、製品保管場などを設け、それぞれ一定の区画をすること。また、その面積は、製造に必要な諸設備を十分収容することができ、かつ、作業が行ないやすいよう十分な広さを有すること。

（4）製造場の天井は、明るい色で、かつ、清掃しやすい構造であること。

（5）製造場の床面および内壁の構造または腰張りは、次のような材料および構造であること。①床面には、不浸透性および耐熱性を有し、平滑で摩擦に強く、滑らず、かつ、亀裂を生じにくい材料が用いられていること。②床面は、排水が容易にできるよう適当な勾配をつけ、すき間がなく、清掃しやすい構造であること。③内壁は、その表面が平滑であり、かつ、少なくとも床面から一メートル以上が浸透性、耐酸性および耐熱性の材料を用いて築造されていること。ただし、それができない場合は、必ず床面から一メートル以上が不浸透性、耐酸性および耐熱性の材料を用いて腰張りされていること。④内壁の構造または腰張りは、すき間がなく、清掃しやすい構造で、淡いクリーム色などの明るい色彩であること。⑤内壁と床面の境界には、

図4－7　製造場入口

風圧によってほこりなどを取り除く

清掃および洗浄がしやすいようにアールがつけられていること。
（6）製造場内には、排水が適切に行なわれるよう適当な位置に排水溝を設け、かつ、排水が適切に流れるような勾配を有すること。また排水口には、ネズミ、昆虫などの侵入やごみの流水防止のための適切な措置が施されていること。
（7）製造場には、適切な場所に水蒸気などを施設外に放散できるよう、換気扇などの換気装置が設けられていること。
（8）製造場は、自然光線が十分に取り入れられる構造であること。ただし、自然光線が取り入れられない場合および夜間は、作業に支障をきたさない明るさ（一〇〇ルックス以上）を保持できる設備が設けられていること。
（9）洗浄および殺菌設備などについては、次のような設備を設けていること。①機械・器具などの洗浄に十分な給水設備および洗浄に便利な流水式洗浄設備が設けられていること。②専用の噴霧器など、機械・器具などの消毒施設が設けられていること。③従業者用専用の流水式手洗い設備および消毒設備が適当な場所に必要な数だけ設けられていること。
（10）製造場には、計画製造量に応じた数および大きさの機械・器具類が設けられていること。とくに、原材料などを正確に計量することができる器具を備えていること。
（11）用水については、①殺菌処理の行なわれた水道水か、また官公立の衛生試験機関で飲料適と認められてから二年以内の水が、豊富に供給されていること。②水道水以外の水を用いる場合には、その水源（井戸、その他）は、便所、汚水溜、動物飼育場などの不潔な場所から相当の距離があり、かつ、閉鎖式で外部より汚染されるおそれのないものであること。
（12）便所については、①隔壁をもって他の場所と必ず区分されていること。なお製造場から三メートル以上離れた場所に設けられていることが望ましい。②ネズミ、昆虫などの侵入を防止する措置または設備が設けられていること。③手指の消毒設備および流水式手洗い設備が設けられていること。④適正な数の便器を備えていること。⑤専用のはき物を備えていること。
（13）製造場と隔絶したところに従業者の数に応じた更衣場が設けられていること。また更衣場には、製造場専用の作業衣、作業帽およびはき物を備えていること。

（14）製造場の入口には、靴ぬぐい（消毒槽など）および従業者の数に応じた作業開始前の手指の洗浄、消毒が十分できる設備を備えていること。

■原材料の保管場所

（1）納豆菌の保管場所については、①専用の保管場所が設けられていること。②保管場所には冷暗設備が設けられており、隔壁または一定の間仕切りにより他の場所と完全に区画されていること、または、専用の冷蔵庫が設置されていること。③保管場所は、ネズミ、昆虫などが侵入しない構造であること。

（2）原料大豆の保管場所については、①専用であり、隔壁または仕切りにより他の場所と完全に区画されているとともに、十分な広さを有すること。②風通しがよく、乾燥していて、室温が著しく上昇しないように換気扇、すのこなどが設けられていること。なお、一五℃以下で保管できるような構造であること。③ネズミ、昆虫などが侵入しないような構造であること。④他の場所から蒸気が侵入しないような構造であること。

（3）容器、包装材料、タレ、カラシなどの保管場所については、①隔壁または間仕切りにより他の場所と完全に区画されているとともに、ほこりが入らないような構造であること。②必要な広さを有すること。③ネズミ、昆虫などが侵入しないような構造であること。

（4）殺虫剤などの薬品の保管場所については、製造場以外の適切な場所に専用の保管場所が設けられていること。

■発酵室

発酵室は、①製造量に応じた適当な広さを有すること。②水洗いなど清掃しやすい構造であること。③納豆菌の生育に適する温度および湿度が保持できるような装置が設けられていること。④外部から室温を測定できる温度計が設置されていること。

■放冷室

放冷室は、①製造量に応じた適当な広さを有すること。②清掃しやすい構造であること。③発酵後の製品を急冷することができるような設備を有すること。④製品の放冷が効果的にできるような棚などが設置されていること。

■冷蔵室

冷蔵室は、①清掃しやすい構造であること。②製品を十分に冷却する冷蔵設備を有すること。③外部から室温を測定できる温度計が設置されていること。

(3) 機械・器具などの条件

機械・器具類などは次のような条件を整えていること。

（1）納豆製造に直接使用する機械・器具などは、清潔が保持できるよう清掃しやすい構造、材質であること。

（2）固定した機械・器具および移動しにくい器具は、洗浄および作業がしやすい位置に配列されていること。

（3）機械・器具のうち、食品に直接接触する部分は、耐水性で洗浄しやすく、加熱またはその他の殺菌が可能なものであること。

（4）機械・器具および容器類は、常によく補修され、かつ、清潔で完全に使用可能の状態に保持されていること。

（5）移動性の器具および容器類を衛生的に保管する設備が設けられていること。

（6）殺菌処理された容器包装（経木類）を衛生的に保管する格納箱が備えてあること。

（7）製造場には、正確な温度計を見やすい位置に設けること。

(4) 廃棄物処理のための容器と集積場

（1）施設内には足踏式などで自動開閉式の蓋がつき、清掃しやすく、悪臭、汚液がもれず、かつ、昆虫などの侵入しない構造をもち、不浸透性材料でつくられた廃棄物容器が設けられていること。また、廃棄物の集積場に容易に運搬できるものであること。

（2）廃棄物の集積場は、施設外に設けられていること。

(5) 排水などの公害防止

ある一定量以上の製造処理施設の排水処理は、それぞれの県条例の定めに従って、処理したものを排水しなければならないが、一般の納豆製造業にあっては、次のことを留意しなければならない。

（1）汚水などの処理については、①納豆製造に直接かかわる排水は、排水量に応じた処理能力をもつ排水処理施設を設置すること。②製造場内の排水溝は、作業終了時に清掃ができるような構造で、一日一回以上清掃を行なうよう心がけること。③製造場内外の排水溝には、随所に取りはずしのできる金網などを設け、排水中の大豆などの残渣を効率よく除去できるようにすること。④本下水道に直接排水を流すことができる施設は、残渣などを完全に除去できれば無処理のまま放流してもさしつかえないこと。簡易汚水溜などの簡易な処理施設のものは、適宜汚水溜を清掃し、ネズミや、昆虫などや悪臭の発生源とならないよう注意すること。

（2）騒音防止については、ボイラー焼却または換気扇などの使用で騒音が発生する場合は、適当な防音処理を講じなければならない。

納豆工場は衛生が保てるほど良い製品ができる。また設備上の欠陥は設備を改善しなければいつまでも製品の劣化につながるので注意を要する。以上、詳述すると難しく感じられるが、食品工場として当然具備すべき事柄である。

3 営業許可の取得

納豆製造業は食品衛生法施行令の第五条に指定されているとおり、都道府県知事の営業許可が必要である。施設の基準は国で準則を示しているが、具体的には各都道府県知事が規則を定めている。まず、納豆設備専門の会社と相談のうえ、設備の設計図を作成し工事着工前に、管轄の保健所生活衛生課に相談すること。着工以降通常の営業許可申請を工事完成予定の一〇日くらい前までに提出する。

4 地元の納豆メーカーに製造を委託する場合

大豆生産組合が、自分達で生産した大豆で納豆をつくり、特産品として販売しようとする場合、納豆加工施設の建設や、納豆生産技術の習得に資金や労力がかかる。資金調達が大変で当初は販売のみを行ないたいということであれば、納豆の加工は既存の業者に相談して、折合いがつけば生産してもらい、大豆生産組合は販売にのみ専心すればよい。

　この場合、製品名は、大豆生産組合のブランドで、販売者は大豆生産組合名または組合のつくった販売会社名で、製造業者は製造場所を表わす記号で表示される。

　販売施設は製造設備を必要としないだけで、食品を取扱うことには変わりなく、衛生が保つことのできる販売用設備の冷蔵庫や冷蔵車、衛生設備を必要とし、地元保健所に届けで、営業許可を得る必要がある。

　いずれにしても保健所でよく相談して指導を仰いで頂きたい。

5 納豆の販売方法と注意点

(1) 基本は消費者直結型で個別宅配

　すでに述べたように、日産一〇～二〇キロ規模は予約制とし、保冷箱付きスクーターや冷蔵車でそれぞれの家庭に配達する。日産二～四俵規模では家庭への宅配以外に業務用や給食、さらには地域のAコープ、生協とも協力して販売網をつくらなければならない。

　農村加工の場合、基本的には消費者直結型であり、たえず消費者啓蒙のために料理講習会などで納豆の栄養、食品機能性などを普及し、消費の向上をはかる独自の販売流通方法を構築することが必要である。

　大消費地に隣接した地域では、都市と農村の共生をはかることが今後の重要課題となり、いろいろな流通経路が生まれてくると考えられる。十分に消費者、生産者の理解、協力を得ながら量拡大の途を探すことが大切である。

(2) 食品衛生法上の注意点

　製品の販売施設と設備について、食品衛生法では次のように定められている。

清潔で適当な広さを有する専用場所に販売量にみあった製品を陳列することができる専用の冷蔵ショーケース、冷蔵庫（中が見えるもの）が設置されていること。ただし、他の食品と兼用する場合は仕切りなどにより専用場所が設けられていること。

冷蔵ショーケースなどは、清潔が保持できるよう清掃しやすい構造で、かつ、庫内温度を一〇℃以下に保つことができる性能を有すること。また外部から庫内温度を測定できる温度計が設置されていること。

図4−8　納豆の食品表示
「下妻契約農家産大豆100％使用」の表示で，地場産大豆使用が強調されている

(3) 納豆の品質表示

■義務づけられている表示事項

納豆は農林水産大臣が定めた品質表示基準制度により品質表示が義務づけられている。地域食品認証基準にある「納豆の品質表示基準作成準則」（昭和五十八年八月二十五日五八食流第四三三三号農林水産省食品流通局、改正平成七年二月十七日七食流第四〇二号）によれば、納豆の品質に関し、製造業者（販売業者が製造業者との合意などにより製造業者に代わってその品質に関する表示を行なうことになっている場合にあっては、販売業者。以下「製造業者等」という）が、納豆の容器または包装に一括して表示すべき事項には、①品名、②原材料名、③内容量、④賞味期限（品質保持期限）、⑤保存方法、⑥製造業者等の氏名または名称および住所、などがある。

①から⑤の事項の表示方法については以下のように規定されている。

●品名：丸大豆を使用したものにあっては「納豆」と、ひきわり大豆を使用したものにあっては「ひきわり納豆」と記載すること。

●原材料名：「丸大豆」または「ひきわり大豆」と記載すること。ただし、国産大豆のみ使用したものにあっては、原材料名の次に「(国産大豆)」と記載することができる。

●内容量：内容重量をgの単位で、単位を明記して記載すること。

●賞味期限（品質保持期限）：賞味期限（品質保持期限）を、次の例のいずれかにより記載すること。①平成六年七月一日、②六・七・一、③一九九四・七・一。なお、賞味期限とは、容器包装の開かれていない製品が表示された保存方法に従って保存された場合に、その製品として期待されるすべての品質特性を十分保持しうると認められる期限をいう。

●保存方法

「一〇℃以下で保存すること」などと記載すること。

なお、一括表示事項の表示は、定められた様式により容器または包装の見やすい箇所にすることとされている。

■表示禁止事項

表示禁止事項としては次のような事項があげられている。

●成分表を掲げ、それと同一成分をもつものであるかのように誤認させる表示

●品評会等で受賞したものであるかのように誤認させる用語

●一括表示事項の項の規定により表示してある事項の内容と矛盾する用語

●その他内容物を誤認させるような文字、絵その他の表示

詳細については原文をあたっていただきたいが、ラベルなど、包装資材作成の折には注意して作成されたい。

■有機JAS表示と遺伝子組み換え

この準則は平成七年度に改正され、旧賞味期限が新賞味期限（品質保持期限）に変わっている。

さらに、平成十一年のJAS法改正により、加工食品については、平成十二年三月制定の「加工食品表示基準」によって、納豆も一括表示が義務づけられた。この法令の施行は平成十二年六月十日で、適用は平成十三年四月一日である。

新しい品質表示の改正要点は、有機JASと遺伝子組み換えである。

有機食品の表示については原料、加工食品ともに有機JASの認証がないと「有機」表示ができず、また、罰則規定がある。

遺伝子組み換えに関する表示は、遺伝子組み換え大豆を使用している場合、「遺伝子組み換え大豆使用」の表示が義務づけられている。遺伝子組み換え大豆を使用していない場合は表示不要か、「遺伝子組み換えでない」などと表示してもよいことになっている。なお、これは任意表示である。

6 経営拡大の考え方

(1) 製品の多様化をはかる

■原料大豆の品種を変える

製品の多様化をはかる手段としての第一は、原料大豆の品種で品数を増やすことにある。農村加工の場合、原料は現地調達を基本とするので、農業試験場、農業改良普及センターなどと相談のうえ、当地域の栽培条件のもとで、たえず納豆適性大豆の育種と選択を続ける必要がある。ひきわり、極小粒、小粒、中粒、大粒などが生産できれば、商品の品揃えには事欠かない。また、原料調達において地元農協依存のためAコープなどの協力が得られる。

■副素材、タレで差別化

第二に副素材の麦や当地の特産の穀類などの添加や、また納豆の旨味を増幅するタレの選択なども製品に特色をもたせるうえで役に立つ。

■容器ラベルで特徴をアピール

第三は容器であるが、工場の作業が繁雑になるのを防ぐため、なるべく容器の形態は固定し、ラベルのデザインなどで各製品の特徴を訴求する方法がよい。

以上のように経営の展開は消費者も交えじっくりと進めていくことが肝要で、無意味な商品拡大は慎むべきである。

(2) 納豆を利用した加工品を開発する—実例紹介

糸引納豆のもつ栄養と食品機能性を考えた場合、これを摂取するにはそのまま生で利用するのがいちばん手軽な方法である。

しかし、この価値ある食品には、独特の粘質物や臭いがあり、また生鮮食品としての保存性の低さがある。このような点をカバーし、より広く利用されることを希望するため、官公立試験研究機関での研究や民間で考案されたものなどの特許出願が行なわれている。

糸引納豆を素材としてこれを加工する場合、基本的には素材のもつ栄養と食品機能性をそのまま加工食品に利用できることが望ましい。とくに加工工程中の加熱による酵素の失活により食品機能性の低下が問題となるが、栄養面および経済性を優先した場合はこの限りではない。

　以下に栃木県食品工業指導所（一九八二）において行なわれた納豆の利用技術開発報告書から納豆の利用技術開発について、また民間での特許出願関係の中から個性的なものを選択し、今後の研究の参考に供した。

■食品素材としての納豆の利用

第一試験：粉末化納豆のスナックフーズ、あられへの素材性

　目的　納豆の消費拡大をめざし、凍結乾燥法（ＦＤ）による粉末化納豆の各種食品素材性について、これまでに検討した結果、水分活性の少ない食品への利用法が最も有望であったので、このなかから原料粉体混合可能なスナックフーズ、あられについてその素材性を検討した。

　方法　納豆の凍結乾燥粉末を、スナックフーズ、あられに活用した試作品をつくり、呈味効果を調べるため無添加対照との二点嗜好式法による官能試験を行なった。

　結果　納豆ＦＤのタンパク質分解状況：供試した納豆ＦＤのタンパク質分解状況は、タンパク質の五二％近くが水溶性窒素化合物に変わり、六％前後はアミノ酸までに分解されている（表4―8）。

　納豆ＦＤを活用したスナックフーズ：小麦粉を原料とするスナックフーズへ粉末化納豆を添加してみると、くせがなく、持ち味がアップし、あと味よく、注目させる製品を得た。添加量は小麦粉に対し四％と二％としたが、前者ではやや強く、後者ではやや弱いので、供試した熟度のものであれば、小麦粉は三％が適量と思われた（表4―9）。

　納豆ＦＤを活用したあられ：粉末化納豆を添加して、搗きあげて焼あげてみると、甘味が残り、のどごしのなめらかさがよく、持ち味がアップし、くせもなく、あと味がよく、注目させる製品を得た。添加量は、

表4―8　納豆FDのタンパク質分解状況

発酵時間	無水物中（％）				全窒素中の比率（％）		
	全窒素	水溶性窒素	アミノ酸窒素	アンモニア態窒素	水溶性窒素	アミノ酸窒素	アンモニア態窒素
12	7.29	3.78	0.43	0.15	51.9	5.9	2.0

表4―9　納豆FDを活用したスナックフーズの官能評価

（無添加対照との2点嗜好式法）

設問／試料区別	旨味，コク	香り，風味	総合評価	パネル
	⧻　⧺　＋　－	⧻　⧺　＋　－	⧻　⧺　＋　－	
小麦粉の4%添加	7.　2.　1.　0	4.　4.　2.　0	6.　3.　1.　0	10人
小麦粉の2%添加	0.　8.　2.　0	0.　6.　4.　0	0.　7.　3.　0	10人
備　　考	旨味にコクがアップ	小麦粉臭が消え口ざわりがよく風味アップ	対照と比較してまろやかさがあり一段とうまい	

注　判定記号　⧻非常にうまい，　⧺うまい，＋変わらない，　－うまくない

表4―10　納豆FDを活用したあられの官能評価

（無添加対照との2点嗜好式法）

設問／試料区別	旨味，コク	香り，風味	総合評価	パネル
	⧻　⧺　＋　－	⧻　⧺　＋　－	⧻　⧺　＋　－	
米の6%添加	8.　1.　1.　0	2.　2.　6.　0	7.　2.　1.　0	10人
米の4%添加	2.　7.　1.　0	0.　4.　6.　0	1.　7.　2.　0	10人
備　　考	旨味にコクがアップ	口ざわりがよく風味アップ	対照と比較してあと味が極めてよく，一段とうまい	

注　判定記号　⧻非常にうまい，　⧺うまい，＋変わらない，　－うまくない

米に対し六%と四%としてみたが、前者はかなり呈味効果がでておいしかった。あられの場合は醤油味が強いので、前者のスナックフーズへの添加量よりは多くする必要を認めた（表4―10）。

納豆FDの生産費：納豆FDの歩留りを生納豆の三六・五%とした場合、一〇〇キロのひきわり納豆（生、水分：六〇～六二%）は凍結乾燥粉砕後（水分五%以下）三六・五キロになる。ひきわり納豆（生）を三〇〇円／キロとすると、原料費は納豆FD一キロ当たり八二二円／（≒300×100÷36.5）である。

一方、納豆FD加工費（一九八三年三月現在）は、水分五%以下にする場合、納豆FD一キロ当たり一三〇〇円である。ただし、この金額には、粉砕加工料および一八一缶あるいは段ボール一〇～一五キロ詰とした包装料、充填料が含まれている。したがって納豆

ＦＤの製造原価は、原料費に加工費を加えた二一二二円となる。

第二試験：惣菜納豆への素材性

目的　生納豆の直接利用法として、とくに納豆春巻きが有望であることを知ったのでその素材性を検討した。

方法　第一試験に供試した生納豆と同様なつくり方をしたものを試料として、納豆と混合する具の相性を検討し、試作品をつくりその呈味効果と調理特性を検討した。

結果　納豆春巻きの呈味効果を上げるためには、加熱による納豆の変質を少なくすることが必要になる。具の味付け仕上がり時に納豆を加え、具を包んだものは急速凍結し、油揚げは一八〇℃二〇秒の高温短時間で行ない、パン粉が色づくころに具の解凍がすむ程度にすると、納豆の臭気も少なく極めておいしいものを得ることができた。

また、納豆と混合する具の相性としては、特にはるさめとよく合うことがわかった。

なお参考のために、納豆春巻き試作品の調理方法について以下に示す。

二〇個分の納豆春巻きの材料（一個一〇〇グラム）として、茹でタケノコ（せん切り）一〇〇グラム、ニンジン（せん切り）五〇グラム、干しシイタケ（もどしてせん切り）三枚、根しょうが少々を供試した。

ニンジン、タケノコ、シイタケの順に加えてゴマ油でいため、これに塩小サジ四分の一、醤油大サジ二杯、みりん大サジ一杯、酒大サジ一杯を加えて味付けする。この仕上がり時にはるさめ五〇グラム、生納豆二〇〇グラムを混ぜて春巻きの皮で包み、これをかるく蒸してからパン粉をかけ、たいらに成形してからマイナス二〇℃以下に急速凍結した。このようにして準備された納豆春巻きを一八〇℃二〇秒の高温短時間で油揚げすると、パン粉が色づくころに具が解凍する程度の温度になり、高温にはならない。

■民間での納豆加工関連特許（要約）

レーズン入り納豆

特許公告：昭和六十四（一九八九）年一月十日

発明者：榛葉明・静岡市

目的：レーズンの風味が納豆に溶け込み薄い甘味の加わった、パン食などの洋食用にも適し、かつ現代嗜好に合ったレーズン入り納豆の提供。

効果：納豆菌を接種した煮大豆にレーズンを混合してこれを発酵、熟成する。レーズンが水分に溶けて軟らかく膨らんで、このレーズンの味と風味が納豆に溶け込み、薄い甘味と納豆臭を取り除く。一般の若者や子供に敬遠されていた納豆への食欲を増進させ、元来和食向きの納豆を洋食向きとすることにより、現代嗜好に適した食品として確立することができた。

納豆食品およびその製造方法

特許公開：平成四（一九九二）年四月十四日

発明者：黒岩徹・東京都（ユニオンフーズ株式会社）

目的：納豆は天日乾燥や熱風乾燥により高温状態が続くと、短時間でアンモニア臭が出て納豆独特の香り、風味、旨味も損なわれ食品価値が半減する。この納豆独特の香り、風味、旨味を生かしたまま長期保存することの可能な納豆の外周部分からなる納豆食品と製造方法の提供。

方法：減圧下で納豆をフライ加工して水分を蒸発させた後、この納豆の油分を除去し、納豆の大豆部分から外周部分を分離して食品化する。また、この外周部分とビタミンなどの添加物とを混合して固形食品とする。

効果：本納豆食品は、納豆のもっともおいしい部分である外周部分の納豆独特の臭味、糸引き作用を除去でき、保存食とすることができる。また、この納豆食品の製造方法によれば、納豆の風味、旨味のエキスである粘着性のある外周部分を納豆菌を生かしたまま分離することができる。さらに固形化することによって、納豆の好き嫌いにかかわりなく摂取することができ、かつ、より長期保存も可能となる。

マヨネーズ納豆

実用新案登録：平成六（一九九四）年六月八日

考案者：黒崎信也・宇都宮市

構成：マスタード、食塩、クエン酸、ホワイトペッパーあるいはカレー粉などの香辛料、調味料の適量を添加した耐冷凍マヨネーズとひきわり納豆との適当割合を攪拌混合させ、これを密封フィルムに封入したうえ急速冷凍して得るマヨネーズ納豆。

効果：常温付近で自然に解凍され、耐冷凍マヨネーズの使用により解凍後の素材分離や風味分離がなく、パン、サラダ、手巻きずしなどに手軽に添えて食することのできる、栄養価満点でかつ嗜好性の高いペースト状のマヨネーズ納豆である。冷凍保存形式なので、発酵が停止するため納豆臭、アンモニア臭がなく、解凍後も耐冷凍マヨネーズおよび添加した香辛料、調味料が納豆臭を封じ込め、かつ食する際には程よい粘りがある。色合もアイボリーを呈して食欲をそそる。

ゼリー状納豆

特許公開：平成八（一九九六）年六

月十八日
発明者：高田安雄・浦和市
目的：納豆は独特の臭気と粘質物があるため、食べたことのない人たち、とくに若年層に敬遠されている。納豆の栄養を損なわずにこのような問題点を解決し、なお納豆に不足する栄養素および保健に有効な成分を加えることで喜んで食してもらえるような栄養保健食品の開発。
構成：適格にできた納豆を泥状にすりくずし、これにオリゴ糖、蜂蜜、小麦胚芽、ビタミンCを加えてpHを調整し、紙カップに寒天でゼリー状に冷却固定成形する。
効果：上記操作により、臭いは消滅し、粘質物は吸収固定化されてなくなる。また、オリゴ糖で繁殖するビフィズス菌は、腸内を酸性化して悪玉菌の増殖を抑え、寒天に含まれる植物繊維との相乗作用によってビタミンを合成し、便秘を解消することで腸内を正常化する効果がある。さらに、蜂蜜に含まれている天然のビタミン、ミネラル、小麦胚芽の栄養がプラスされ、納豆の旨味と栄養に甘味がミックスされた上品な味である。栄養と整腸を兼ねた栄養保健食品といえる。

納豆餅とその製造方法

特許公開：平成九（一九九七）年三月四日
発明者：鬼沢正光・水戸市（ピラミッド・オフィス有限会社）
課題：機械化による量産の可能なおいしい納豆餅とそのための製造方法の提供。
解決手段：納豆餅は、スパイスや醤油などの調味料を生の納豆に加えてこれを撹拌して味付けを行ない、この味付けした納豆の周囲を餅塊で円形状にくるんでつくられる。生の納豆に調味料を加えて撹拌する納豆の味付け作業と、その後の、味付けした生の納豆の周囲を餅塊でくるむ作業とを冷却状態で行なうことで、納豆の糸引きを抑えて、機械化による量産加工を可能にする。

ウィンナー形態と納豆食品およびその製造方法

特許公開：平成九（一九九七）年三月四日
発明者：上村弥継・熊本市（株式会社丸美屋）
課題：粘質物を取り除くことなく、粘質物を感じさせず、納豆を食べやすくする。また、一食単位ごとの納豆容器を必要とせず、無用な資材を必要としない納豆食品を提供する。
解決手段：調味料、香辛料、凝固剤を混ぜた納豆が人工ケーシングまたは動物の腸に詰められているウィンナー形態の納豆食品の製造。また、調味料、香辛料、凝固剤を混ぜた納豆を人工ケーシングまたは動物の腸に詰めた後、加熱して凝固させるウィンナー形態の納豆食品の製造。

納豆のあん入りパンの製造方法

特許公開：平成九（一九九七）年八月五日

発明者：岡部和代・東京都町田市

課題：従来、あん入りのパンや、クリーム、ジャムなどを入れたパンは各種提供されているが、納豆のあんを入れたパンはなかったので納豆のあん入りパンを提供する。

解決手段：酒、焼酎、または梅酒などのアルコール飲料と砂糖、塩を納豆に混合、熟成して納豆のあんを完成し、さらに納豆のあんをパン生地に封入した納豆のあん入りパンの製造および納豆のあん入りパンを提供する。

五目パン

実用新案登録：平成九（一九九七）年三月二十六日

考案者：山内景敏・横浜市

課題：有用な成分を含む納豆を食べやすくし、なお栄養を高めるため数種類の食品を混和することで、一品で栄養と食感を満たし、身体の不自由な人でも食べやすく、多忙な時の朝食や携帯食としても便利なようにする。

解決手段：納豆、粉ミルク、炒黒ゴマの粉末、潰した黒砂糖、そして適量の食塩の混和物を、別に小麦粉に水と酒を加えて練って適当に区切って押し広げた皮で包み込み、発酵後に蒸してつくる五目パン。

ハンバーグステーキ

実用新案登録：平成九（一九九七）年七月三十日

考案者：木村昭男・新潟県村上市

課題：洋食であるハンバーグステーキを和風に合うようにし、しかも栄養バランスの向上をはかる。

解決手段：糸引納豆をハンバーグステーキ本体の肉に対し二五〜五〇％用意し、刻んだ長ネギを一〇〜二五％用意する。肉の食味、長ねぎにより引き立った糸引納豆の食味を得ることができ、和風味となるとともに栄養のバランスを向上できる。また、肉を好まないような人でも好んで食することができる。

参考文献

日刊経済通信社、一九九九、酒類食品統計月報、平成十一年七月号
食品産業新聞社、一九九九、食品用大豆の用途別使用量（一九九二〜一九九九年）、大豆油糧日報、一九九九年六月号
砂田喜与志・佐々木紘一・三分一敬・酒井直次・土屋武彦、一九七七、納豆用大豆育成系統の加工適正試験、納豆科学研究会誌、一
全国納豆協同組合連合会、一九七五、『納豆沿革史』
原　敏夫、一九九四、『納豆は地球を救う』、リバティ書房
林　右市・長尾和美、一九七六、納豆食に対するシスチン、メチオニン、鶏卵および牛肉の補足効果、納豆の栄養価に関する実験的研究（第一一報）
望月英男、一九六一、『食品の調理科学』、医歯薬出版
大黒　勇ら、一九七四、飲食用細菌（納豆菌・乳酸菌）腹腔内注射のハツカネズミに及ぼす影響、医学と生物学、八八（二）
太田輝夫、一九七五、『なっとう健康法』、双葉社
田村豊幸、一九八五、『大豆はなぜ体によいか』、健友館
天然物、生理機能素材研究委員会編、一九九四、納豆の機能成分及び治療、予防に関する研究（一）、社団法人日本工業技術振興協会
天然物、生理機能素材研究委員会編、一九九五、納豆の機能成分及び治療・予防に関する研究（二）、社団法人日本工業技術振興協会
渡辺杉夫、一九九一、納豆工業・その発展の過程と現況、大豆月報、一六九

全国納豆協同組合連合会、一九七五、納豆沿革史
河野臨床医学研究所、一九七八、河医研研究年報、二八
大豆供給安定協会、一九八六、国産大豆利用促進流通消費等実態調査報告書
大豆供給安定協会、一九八八、国産大豆利用促進流通加工動向調査報告書
木内幹・細井知弘、一九九八、国産大豆の加工適性　納豆用大豆の加工適性に関する文献、食品産業センター報告書
農林水産省農産園芸局畑作振興課・農林水産技術会議事務局企画調査課、一九九八、『国産大豆品種の事典〜使ってみよう・作ってみよう日本の大豆品種』
農林水産省農産園芸局畑作振興課、一九九九、大豆に関する資料、一二〇―一二四、一六四
財団法人食品産業センター、一九九九、国産大豆利用促進支援事業報告書
砂田喜与志・佐々木紘一・三分一敬・酒井真次・土屋武彦、一九七七、納豆用大豆育成系統の加工適正試験、納豆科学研究会誌、一
平春枝、一九九二、納豆・煮豆用大豆の品質評価法、食糧、三〇：一五三―一六八
平春枝、一九九五、国産大豆の品質と生産者及び産地への希望、中山間地域の農業と豆類振興、（社）全国農業改良普及協会
高尾彰一、一九八六、納豆研究の歴史的考察　アジアの無塩発酵大豆食品、アジア無塩発酵大豆会議一九八五講演集
太田輝夫、一九六九、納豆、食糧　その科学と技術、別刷一二、農林省食糧研究所
渡辺杉夫、一九八五、納豆の製造技術と包装工程、食品と科学、二七（一〇）、㈱食品と科学社
社団法人日本食品衛生協会、一九八〇、納豆の衛生管理要領
大瀬登・太田輝夫・遠城敏雄・津田文夫・永井好望・春田三佐夫・槙孝雄、食品衛生専門技術委員

会委員、一九八〇、納豆の衛生管理要領、社団法人日本食品衛生協会
農林水産省食品流通局、一九九五、納豆の品質表示基準作成準則（改正平成七年二月十七日）
鈴与工業株式会社、設計部資料
特許庁公開特許公報ならびに登録実用新案公報
栃木県食品工業指導所発酵食品部、一九八二、納豆の利用技術開発　食品素材としての納豆の利用について、新製品開発事業報告書、栃木県食品工業指導所

著者略歴

渡辺　杉夫（わたなべ　すぎお）

1930年生まれ。

宇都宮大学農学部農芸化学科において発酵専攻。以降、アルコールならびに醸造工業の試験研究などに携わる。現在、鈴与工業株式会社に勤務。納豆生産技術の開発に従事。取締役企画室長。

平成元年より平成９年まで、農林水産省食品総合研究所発酵食品講習会において“無塩発酵大豆食品（納豆）”の講座を担当する。

〈問い合わせ先〉
鈴与工業株式会社
〒173-0014　東京都板橋区大山東町29－9
電話 03－3961－6121

◆食品加工シリーズ⑤◆

納豆

2002年3月20日　第1刷発行

著者　渡辺　杉夫

発行所　社団法人　農山漁村文化協会
郵便番号　107-8668　東京都港区赤坂７丁目6－1
電話　03(3585)1141(営業)　03(3585)1145(編集)
FAX　03(3589)1387　振替　00120-3-144478
URL http://www.ruralnet.or.jp/

ISBN4-540-00196-5　製作／(株)新制作社
〈検印廃止〉　印刷／光陽印刷(株)

製本／笠原製本(株)
Printed in Japan　定価はカバーに表示
乱丁・落丁本はお取り替えいたします。

農文協　図書案内

ダイズ　安定多収の革新技術
新しい生育のとらえ方と栽培の基本
有原丈二著
1950円

ダイズは地力消耗型作物、開花期以降は根粒の同化活性が急速に低下、発芽時の酸素量が収量まで左右する、などこれまでのダイズの常識が根本的にちがうことを明らかにし、新しい生理のとらえ方と安定多収技術を提案。

誰でもできる
写真図解　転作ダイズ四〇〇キロどり
御子柴公人監修／農文協編
1850円

今までの栽培の常識を変える新品種が登場するなど、ダイズ栽培は今、四〇〇キロ安定栽培の時代へ。地域別栽培指針を含め、品種の選択から排水対策、土つくり、施肥、栽植密度、病害虫防除、収穫、仕上げ乾燥まで解説。

農産物直売所（ファーマーズマーケット）運営のてびき
地域の活力を生み出す直売活動
都市農山漁村交流化促進活性化機構編
1400円

地元農産物への信頼をもとに、直接販売して流通コストを削減、生産者と消費者双方の利益を拡大していこうとするファーマーズマーケット。その運営を成功させ、地域活性化と所得向上に結びつくノウハウを集大成した。

やらなきゃ損する
農家のインターネット産直
冨田きよむ著
1650円

「売れるホームページ」企画・制作・運営の秘伝書。実際の農家が七転八倒して手に入れたノウハウを惜しげもなく公開。メールの返事からプレゼント案内のコツ、畑や農産物の撮影法、機器の選び方など平易に解説。

「食」業おこし奮闘記
開店・加工所づくりから会社設立まで
藤森文江著
1600円

朝市から出発し、「よむぎまんじゅう」などの加工品と地元農産物の販売で年商一億二千万円を達成した著者が、商品開発、許認可、加工所の建設、会社の設立など、そのノウハウを失敗談も含めてあまさず公開する。

（価格は税込。改定の場合もございます。）